从输不起
到了不起

培养孩子韧性的
五大心理支柱

[美] 托娃·克莱因（Tovah P. Klein）著

颜玮 译

机械工业出版社
CHINA MACHINE PRESS

孩子在成长过程中，难免经历困难和逆境，而韧性是孩子战胜困难、将逆境转化为成长契机的关键品质。本书深入分析了韧性在孩子未来学习、生活和工作中的重要作用，并从韧性这一品质的核心出发，向父母介绍了培养孩子韧性的五大支柱：信任他人、自我调控、主动性、与他人联结以及感到被接纳。父母可以通过成为孩子的"容器"和"锚点"，在日常的亲子关系和亲子互动中，帮助孩子不断强化这五大韧性支柱，从而逐步养成孩子适应性强、敢于面对困难、善于从挫折中获得成长的性格和品质。

北京市版权局著作权合同登记　图字：01-2024-5995 号。

图书在版编目（CIP）数据

从输不起到了不起：培养孩子韧性的五大心理支柱 /（美）托娃·克莱因（Tovah P. Klein）著；颜玮译.

北京 ： 机械工业出版社，2025.5. -- ISBN 978-7-111 -78043-4

Ⅰ. B844.1；G782

中国国家版本馆CIP数据核字第2025SY4994号

机械工业出版社（北京市百万庄大街22号　邮政编码100037）

策划编辑：陈 伟　　　　责任编辑：陈 伟
责任校对：王荣庆　刘雅娜　责任印制：单爱军
北京瑞禾彩色印刷有限公司印刷
2025年6月第1版第1次印刷
145mm × 210mm · 10.5印张 · 182千字
标准书号：ISBN 978-7-111-78043-4
定价：69.80元

电话服务　　　　　　　　　网络服务
客服电话：010-88361066　　机 工 官 网：www.cmpbook.com
　　　　　010-88379833　　机 工 官 博：weibo.com/cmp1952
　　　　　010-68326294　　金 书 网：www.golden-book.com
封底无防伪标均为盗版　机工教育服务网：www.cmpedu.com

谨以此书献给我的父亲罗伯特和母亲南希，
是你们造就了今天的我。

也将此书献给我的丈夫肯尼，
感谢你一直陪伴在我的身旁。

推荐序

　　我的儿子吉恩出生于五月。那是一个下雨的星期天。我们抱着他回到家，进入为他精心装饰的粉红色房间（之所以把男孩房间布置成粉色，是因为我答应过自己绝不要顺从任何既定的性别规则），把他轻轻地放在婴儿床上，然后，我们长长地呼出了一口气。因为一分钟都不愿意离开他，所以我马上坐到了早就买来的摇椅上，开始一边给他喂奶一边轻轻地摇晃起来。

　　我低头看着吉恩的小脑袋，深吸了一口气，我意识到自己已经完成了"生孩子"这件大事。无休止的呕吐、脱水（我有妊娠呕吐症）和充满焦虑的等待……所有这些在怀孕期间忍受的痛苦，此时此刻，终于全部都结束了。等等，真的已经结束了吗？养育孩子这件事，难道不是一场永不停歇的战斗吗？我们每天不是都要面对"可能会有什么坏事发生在这个我最珍爱的小人儿身上"的恐惧吗？不是每天都要与"我要不惜一切代价保护他"的强烈欲望作斗争吗？

当我和丈夫克里斯第一次给儿子洗澡时，我们两个大人从头到脚都湿透了。我们欣慰而疲惫地大笑了起来。同时，我们也想到了一个尖锐的问题：我们真的能胜任育儿这项艰巨的任务吗？不管怎么说，与在我们之前已经成为父母的很多人一样，我们已经当上了父母，已经开始了育儿，而且永远都不可能停止了。

日子一天又一天过去，睡眠不足使克里斯和我都有点狂躁。我想到了我在讲脱口秀时学到的东西：我要坚信，只要站上舞台就总是会有失败的可能性，但失败也正是能够让我变得更强、更好的唯一途径。

两年之后，随着新冠疫情的暴发，克里斯和我感受到了来自外部和我们内心的恐惧，我们去了巴纳德学院幼儿发展中心，见到了他们卓越非凡的总监托娃·克莱因。我们的好朋友们曾经对托娃赞不绝口，于是我们和纽约上西区许多其他野心勃勃的父母一样，也想加入这个幼儿中心。更重要的是，我们希望我们亲爱的儿子吉恩能够加入中心的一个特别的幼儿项目。在这个项目中，他不仅会学习到一些学前班的技能，而且会学习社交和情绪调节方面的技能，从而帮助他成为一个有爱心、有同理心的人，这也许才是更重要的。

和托娃·克莱因会面的时候，克里斯和我分别轻轻握着吉恩的小手。托娃·克莱因微笑着看向我们，自信而平静地说："你们好！"她温和的眼神交流和言谈举止让我们知道我们三个人都会好起来的。就这样，尽管疫情肆虐，吉恩却仍然在巴纳德学院幼儿发展中心茁壮地成长：他学会了玩乐、探索和失败；他学会了成为集体的一员，学会了与他人结成伙伴，也学会了我行我素、特立独行；他玩块状积木、原木积木，他唱歌跑调……在接下来的两年里，我和克里斯看着我们的小男孩渐渐变成了一个不完美但优秀而快乐的小人儿。托娃说，这一切都是为了帮助孩子们变得有韧性。

在接下来的一年里，托娃成了我们的向导，她带着我们无所畏惧地往前走，而且至今仍然如此。在她所做的一切以及她与孩子们的互动中，她对孩子们的爱以及她对儿童成长过程中都需要什么的深刻理解是显而易见的。没错，大家都知道她指导孩子们从年龄很小的时候就开始培养韧性。

除此之外，托娃也同时在教导我们这些家长。她的耐心和同理心帮助我们度过了那段被疫情不断折磨的艰难时期。托娃帮助我们和儿子吉恩缓解分离焦虑，这样吉恩就可以在知晓我们就在附近的情况下做他自己了。托娃还教我们如何相信自己、如何信任我们自己的本能和天性以及如何支持我们的孩子。她不是用规则、公式或清单来教我们，她采用的方法是帮助我们去找到那些我们最想了解的东西：如何以一种能让孩子茁壮成长的方式去爱我们的孩子。

我们的小男孩就快要上幼儿园了。明年九月，他的小手会长得比现在的大一些，而我们也必须要放开他的手了。到那时，我们——他的父母，可能会紧张得发抖。但是，我心里知道，他会准备好去开启一段新的人生的。

像克里斯和我以及成千上万孩子的家长那样，让托娃做你的向导吧！我原以为幼儿中心是一所专为两岁儿童开设的学校，但我后来领悟了，这是一所适合我们这些家长的学校。托娃所研究的领域和她对孩子以及家长的关注，使我们成长为自信的教育者，这是我们的孩子以及我们自己都需要的。

托娃是个优秀的人，更重要的是，她是上天送给我们以及孩子的礼物。作为孩子的家长，我很高兴能读到这本书。她的第一本书《蹒跚学步的幼儿如何茁壮成长》（*How Toddler Thrive: What Parents Can Do Today for Children Ages 2-5 to Plant the Seeds of Lifelong Success*）在我们家已经成了"宝典"。我们读这本书的结果是培养出了一个快乐、独立、善解人意的孩子。他知道如何社交，知道如何在社区中成为备受他人喜爱的一员。托娃，我对你的感激永远不会停止，谢谢你，我的好朋友。

著名喜剧演员，一名男孩的母亲
艾米·舒默

前　言

　　很久之前我就一直在思考这本书的主题和内容，不过，直到世界因新冠疫情而按下暂停键时我才开始动笔。我选的题材是"培养能够应对、度过令人不安的时期且能在其中及其后茁壮成长的孩子"。因为后来新冠疫情愈演愈烈，这个主题很快就变得更加不容忽视了。新冠疫情给我提供了一个独一无二的"生活实验室"，让我可以在目睹家长和孩子的无奈和脆弱时，在一个扩展的实验项目中同时观察和体验我自创的育儿方法。我和我住在纽约市的家人们也参与了这项实验。

　　虽然疫情引发的封锁对我们所有人来说几乎都是一种新的情况，但对我和我所做的工作而言，它的各个方面都并不陌生。作为一名儿童心理学家，我专门调查研究创伤事件（包括虐待、无家可归、自然灾害和恐怖袭击等悲剧事件）对儿童及其家庭的影响。我从之前的以及正在进行的研究项目中得知：如果某些因素能够齐备并发挥作用的话，儿童和成年人是有能力应对变化且不会因悲剧而留下创伤的。具体来说，当家长能够保持与孩子的联结，敏感地对孩子做出回应并为孩子提供情感上的安全和保障时，那么即使是在最艰难的情况下，他们也能对孩子产生保护作用，防止孩子受到持久的伤害。

我早期的工作结果显示，这种保护性具有很大的潜能。不过，随着我们都开始重新适应后疫情时代的生活，我越发想要更深入地了解家长究竟做了什么才能有效地为孩子创造出如此持久、积极的影响。我知道这是因为家长帮助了孩子，让孩子变得更有韧性了。但是，他们是如何做到的呢？在亲子关系中还发生了哪些事情，使得亲子关系本身不仅具有了保护作用，还具有了防御、抵抗负性事件影响的作用呢？

对这些问题的回答最终促成了这本书的诞生。它为父母提供了一种战略性的方法，让他们可以帮助自己的孩子在当下和将来变得更有韧性。韧性不仅仅是那种在失望或者失败后能够自我恢复的能力，也不仅仅是那种能够适应或大或小的变化的能力。在我与儿童及其父母一起工作的三十多年里，在我进行的原创性研究中，我对韧性有了更深入细致的理解。我开始将韧性视为父母可以教给孩子并通过日常亲子互动来培养的一系列的个人特征。

通常，当我们使用"韧性"一词时，我们会认为我们之所以变得有韧性，只是因为我们度过了一段困难的时期，或者我们曾经面对过逆境，或者我们在创伤或其他一些具有挑战性的事件中幸存了下来。虽然克服困难可以增强人的力量并展示人的韧性，但建立韧性却并不一定必须经历困难或悲剧。

当我们所有人都走出了新冠疫情的阴霾时，我提出了关于韧性的两个核心理论。第一，亲子关系本身就是一种韧性孵化器。良好的亲子关系使儿童能够发展他们自己内在的资源，去很好地适应变化和调整自己。第二，父母可以通过良好的亲子关系在危机事件或创伤经历到来之前主动帮助孩子建立起他们的韧性。让我感到高兴的是，近年来，针对创伤影响所进行的神经生物学研究支持了下面这个观点：一位与孩子有联结、有共鸣、有爱心的父亲或母亲的存在，决定了孩子是否会因不良经历而受到负面的（有时是永久性的）创伤。研究证据还表明，一位与孩子有很好联结的父母，有助于孩子奠定自我调节的基础。自我调节是一种神经生物学系统，它使我们能够重新获得平衡和稳定，从而可以从任何程度或水平的干扰中恢复过来。

从这个角度出发，我认为本书重新定义了韧性的意义，阐明了韧性是如何发展出来并随着时间的推移而被塑造成型的，同时也解释了韧性的重要性。当我们接受不确定性是生活的正常现象，而不是一种反常现象时，那么培养孩子的韧性就变成了一件我们每天都有机会去做的事情。而且，在你与孩子的亲子关系中去培养孩子的韧性是最为有效的。父母每天给孩子提供生活上的照顾（包括以善意和良好的态度回应孩子的需求、关注孩子、及时响应孩子、安慰孩子、去学校接孩子、为孩子准备晚餐、听孩子发泄一天的情绪，等等）时可以自然而然地去培养孩子的韧性。亲子之间的互动是很重要的，它们累积起来就形成了一种亲子关系，而这种亲子关系可以成为韧性的孵化器。这里谈到的亲子关系与"完美"二字无关。正如我将在本书中向你展开论述的那样，我们将要讨论的是关于建立和维护一种充满爱意的、稳定的以及相互联结的日复一日的亲子关系。

　　如果你读过我的第一本书（《蹒跚学步的幼儿如何茁壮成长》）的话，那么你肯定已经认识到了幼儿和大龄儿童健康成长所需要的东西在某些方面是一致的。这一次，我的分享要面对所有年龄段孩子的父母。我将为你们明确并详述那些能够稳定儿童与青少年的情绪并让他们将来能够成长为朝气蓬勃的成年人的共同要素（在本书中，我将用"父母"或"家长"来指代所有的看护者，包括孩子的监护人和其他与孩子有关系的人）。

在我担任巴纳德幼儿发展中心主任以及从事与大龄儿童／青少年父母相关的工作过程中，我有幸在某些日子里身兼数职（有时竟会同时扮演多重角色）。我同时是教育工作者、临床医生、研究人员和倡导者。我做的事情很多，从向大学生、孩子家长和专业人员讲授儿童的发育发展及个体差异，到开展旨在了解父母如何对儿童产生影响的研究，到向大众解释这些研究以呼吁大家重视儿童的需求，到直接与家长及他们的孩子合作。我整天都在寻找下面这个问题的答案：儿童与青少年究竟需要什么来为健康的、适应性强的、富有同情心的成长奠定基础，而且这种基础不会因为他们在生活中遭遇了什么而被动摇？学习如何应对你的孩子（无论是四岁或是十四岁）做出的惹你生气的行为是一回事，理解这种行为的动机则是另一回事。只有理解了孩子行为的动机，你才可以学会如何更好地与孩子相处，并帮助他们长久地解决这些问题。换句话说，我将向你展示支持孩子茁壮成长的方法，使得孩子在当下以及未来能够发展韧性并成为有韧性的人。

在过去的几十年里，许多重要的研究将发展心理学与神经生物学联系了起来。我认为我的角色是转述这些有价值的研究并加上我自己对家长及孩子的研究，一起为家庭提供一种可实操的方法。这种方法会要求你稍微转换一下视角，在

你和孩子建立的亲子关系的背景下去思考育儿的问题。与过去
那种以自上而下的角度养育孩子的方法不同，你要与你的孩子建
立起一种既是锚点又是容器的关系。

　　作为锚点，父母的作用就像一个稳定的船舶停靠处，牢
牢地固定着成长中的孩子（所谓的船舶），防止他这艘小船在
强大的水流或风暴中颠簸。当孩子可以依靠这种稳定的力量
时，他们会更有可能内化出一种安全感。尽管他们会遭遇风
暴或变化，但他们知道自己终究会没事的。你作为孩子的支
柱，要在孩子感到不确定或心烦意乱的时候帮助他们稳定情
绪和身体，教会他们使用工具，让他们成为独立、自信和富
有同情心的人。

　　作为容器，父母要建立并培养出一种能在生理和情绪上
为孩子提供空间的亲子关系，让孩子可以自由地体验和表达
他们所有的感受。这种包容关系使孩子知道自己并不孤独，
所以他们才能够学会如何管理自己强烈的负面情绪。父母通
过给孩子提供没有嘲笑、没有评判或羞辱的安全空间来鼓励
孩子做真实的自己。每个孩子都需要一个能够被他人完全接
受和理解的地方，而作为容器的父母就给他们提供了这种安
全感。

　　你也许没有意识到自己其实已经在扮演着锚点和容器的
角色了。但当你安抚你那心烦意乱的孩子或者处理他们崩溃

的情绪时，当你对孩子跳上沙发或使用手机设定一个合理的限制时，当你为孩子的就寝时间或者完成作业时间设定一个每日例程时，或者当你帮助孩子处理他们对即将开始的高中生活的担忧时，你就是在扮演锚点和容器的角色。当然，我们要面临的挑战在于锚点和容器的角色在现实生活中并不总是容易做到的。某些时刻，你也许会觉得自己根本不可能扮演好锚点和容器的角色，比如：当你和你的幼儿或青少年都情绪爆发的时候，或者当你感觉自己的耐心被孩子消耗殆尽的时候。在这些时刻，你更难抓住和锚定你的船（你的孩子），甚至，你都无法稳定住你自己。

作为一个母亲，我也经历过以上这样的时刻。我的方法是不注重完美而注重实用。我曾经提出过五个支柱。这些支柱阐明了韧性的发展及其神经生物学的基础。它们会向你展示成为锚点和容器的具体方法。无论你的孩子是两岁、十岁还是十六岁，这些方法都适用。

我为忙碌的、压力巨大的家长以及自我感觉尚好、只是想在帮助孩子变得更适应环境方面做得更好的家长提供了许多经过时间验证的方法。这些方法不是专制的行为准则。相反，这些是你可以依赖的、被明确定义好的"路标"。无论你孩子的个性、气质、背景或所经历的压力、创伤是怎样的，你都可以依据这些"路标"来帮助孩子学习那些在情感、智力、社交方面成长和进步所需要的基本技能。它们适用于每个年龄段的每个孩子。

当父母能够介入并为孩子提供可靠的、充满慈爱的稳定性时，神奇的事情就会发生。而且，也许你还会有一个额外的收获：当你使用这些方法并结合韧性的五大支柱时，你与你的孩子之间将培养出一种终身的关系，一种你们双方都将在未来的日子里倍加珍惜的关系。

我的方法既支持父母也支持孩子。在本书中，你会看到不少实际育儿过程中发人深省的案例。这些案例会为你提供帮助和支持。我也提出了一系列需要反思的问题，用以提示你注意自己过去的成长经历和你现在为人父母的育儿行为之间的联系。显然，在不确定的时期，我们每个人都必须更加努力，好让自己保持情绪稳定，这样才能专注于最重要的事情——我们孩子的幸福。

当生活的不确定性增加时，我们会感到不稳定，这会干扰我们实现自己的最佳目标，使我们感到更加焦虑和担心。这就是为什么我们要意识到哪些行为是我们作为家长所应该做出的反应。这样的自知自觉会有助于我们首先管理好自己的情绪和担忧，而不是在不知不觉中将我们自己的情绪和担忧转移到我们的孩子身上。

通常，在情绪加速升温的时候，我们会走得很快，以至于过快而没有给自己留出时间去找出最佳的路线。我们采取行动是出于自己的恐惧和我们要坚决保护孩子的愿望。我们甚至会想都不想就立即采取行动。当这种情况发生时，我们就冒了强行介入的风险。即使这种强行介入是以一种充满爱意的方式进行的，它的风险也是很大的。我们可能会破坏孩子与生俱来的某些本领。这些本领让孩子能够自己培养出主动性和战胜挑战的能力，而他们需要这些本领作为自己积极成长的基础。

除此之外，父母善意的但过于超前的行为有时会让孩子感到羞愧，反而起不到支持他们成长的作用。我的方法将引导家长找到他们应该出现的最佳位置，并将自己牢牢地固定在那里，让自己能够给孩子提供指导并在适当的时候放手。在这样的情况下，孩子们就可以安全地测试自己的韧性了。

这本书分为两部分。第一部分"韧性的根本"，首先让读者了解为什么不确定性会让我们所有人（包括父母和孩子）感到如此混乱和焦虑。这个了解的过程会为读者接下来学习、理解、应用我的方法奠定基础。然后，这一部分将探讨我们可以从处理压力、逆境和创伤的经历中学到些什么，以及为什么它们对于促进儿童的日常成长、帮助儿童为面对生活（无论是轻松的生活还是艰难的生活）奠定基础来说至关重要。

　　第一部分还介绍了依恋关系的心理学和神经生物学原理，也谈到了怎样才能首先与孩子建立联结并在孩子变得越来越独立的情况下持续保持这种联结。依恋关系会直接影响到儿童如何应对生活，如何处理情绪以及在建立韧性的道路上无法避开的那些障碍。

　　作为家长的你也将会在这一部分学习观察自己童年经历给你现在的育儿方式带来了哪些影响。这非常重要，能让你理解你与孩子的关系、理解你对孩子的反应、理解如何做才能最好地支持孩子。这个过程包括审视你自己是如何被抚养长大的以及找出在你的成长过程中缺失的部分或错过的机会（这些缺失的部分或错过的机会可能会悄然无声地影响你对孩子的焦虑以及你与孩子的互动）。

　　第二部分围绕孩子韧性的五大支柱展开。这些支柱将与诸多实用策略一起出现，家长可以随时使用这些策略去帮助孩子建立能够支撑韧性的能力。这五大支柱向家长展示了：

1. 如何提供安全感。这样你的孩子才能够建立起内心的信任。
2. 如何帮助你的孩子学会调节情绪。这样孩子才能管理他们自己的情绪。
3. 如何在设定限制的同时容许孩子自由犯错。这样他们才有动力去探索和学习。

4. 如何与孩子联结。这样他们才能发展自己的社交技能、同理心以及与他人真诚联结的信心。

5. 如何不带任何评判或羞辱地接纳孩子。这样他们才能接受自己、爱自己，这是他们幸福、快乐和富有同情心的关键。

这些韧性支柱不是一套线性的指导方针，你可以用任何对你和你的家人来说最有意义的方式或顺序来使用它们。即使你的孩子处于最艰难的时刻，这些支柱也能帮助他们茁壮成长。

我常常在一天结束时感叹如今抚养孩子真是越来越难了。不过，每当产生这种念头的时候，我就会立即转回到一个事实：我是一个不可救药的乐观主义者，我对我们的未来充满了希望。我的乐观源于曾经真实发生的事情，我已经看到过数百名（如果尚不足数千名的话）儿童和他们的父母渡过了无数个起初看起来无法克服的困境。我支持他们，与他们保持联系，看着他们带着力量和韧性向前迈进。在每一个儿童、青少年和即将成年的人心中都住着一个年轻人。虽然所处的环境不可避免地会有不完美之处，或者前进的道路上会有无法绕开的障碍，但是这个年轻人还是蓄势待发，时刻准备着要去成长，去学习，去蓬勃发展。

我以类似的视角看待为人父母的人：他们是带着自己的

过往经历开始养育孩子的人，他们最想做那些对孩子来说最好的事情。即使那些事情很难做到，他们也义无反顾。在我们所有人的生活中，失望、恐惧、失落和痛苦是不可避免的，但它们也为家长提供了帮助孩子适应和成长的机会。这些具有挑战性的时刻是建立韧性的意外礼物。

抚养孩子不仅仅是为了今天或是此刻，这是一项需要毕生努力的事情。如果我们能同时着眼于现在和未来的话，那么我们将会看到：培养良好亲子关系的好处是我们可以为孩子提供一个强大的、持续的机会，让他们可以掌握情绪管理和社会交往方面的技能。这些技能将使他们能够成为完整的自己，成为独立的、机智的、关心并同情他人的人。更为重要的是，这些技能使他们能够处理生活的起起落落并茁壮成长。而且，同样重要的是，父母可以培养出这样的孩子：即使他们已经长大并且已经离开家出去闯世界了，但他们仍然想回到父母的身边。

目　录

02　第二部分　孩子韧性的五大支柱

不确定时期的成长机遇

养育中的"你"因素

第
一
部
分

01

韧性的根本

→

第一章
不确定时期的成长机遇

全球新冠疫情暴发、高死亡率、种族冲突和社会动荡、脆弱不堪的经济、社交隔离和气候灾难，这些因素中的任何一个都会让人产生不确定感。当然，在不确定时期感到更加焦虑是很自然的，特别是作为要照顾孩子并对孩子负责的父母。你开始怀疑自己的直觉，开始对如何与孩子相处感到不太自信。你进入了"担忧模式"，把负面的推测想象成了必然的结局。从这个角度来看，许多家长都会觉得未来就好像是一个巨大而可怕的未知世界，想要做好迎接它的准备是不可能的。

这些担忧并非没有道理。作为一名儿童心理学家，我的专业研究方向是群体创伤对儿童产生的影响。我一直致力于弄清楚能让儿童在逆境中茁壮成长的最佳做法。即使是在新冠疫情之前，大规模的社会变革也在影响着人们日常的家庭生活。技术的无处不在和对它的过度依赖、社交媒体的有害影响、面对面交流机会的减少以及对气候变化日益增长的恐惧……所有这一切都始终威胁着儿童与青少年的健康和幸福。这给孩子的父母带来了越来越大的压力，要求他们保护孩子免受不确定的未来的影响。毫无疑问，今天的父母常常会感到不知所措，他们缺乏安全感，不知道怎样才能在如此具体的、与人类生存相关的巨大压力下以最好的方式去抚养自己的孩子。

即使是在情况最好的时候，为人父母者也需要非常努力和刻意地去做育儿的工作。我们有责任去保护、养育和照顾我们最珍贵的孩子，这种责任从根本上对我们发出了挑战。不管我们的资源如何，这种挑战始终会让我们感到自己非常脆弱。在充满不确定性的时期，这种脆弱感会进一步加剧。即使是每天发生的日常变化也会让我们感到不那么踏实。在这种状态下，任何会给我们的日常生活带来剧变的事件都有可能在我们的大脑和身体层面引发威胁反应。当这种威胁被激活时，我们的身体会自动触发"战斗－逃跑－冻结"的反应，而这样的反应会增加我们的焦虑感并使我们难以区分真正的伤害和想象中的危险。我们的大脑对看似变化较小的事件的反应和对看似变化较大的（甚至是创伤性的）事件的反应遵循了相似的神经生物学模式。因为作为人类，无论压力源是大是小，我们都会依赖于相同的压力反应途径（你将在第四章读到更多与这种与生俱来的人类压力反应相关的内容）。

在这种高度警觉和担忧的状态下，我们越来越难以做到不仅能稳定地、清晰地了解如何更好地抚养孩子，还能记住一个非凡的、充满希望的事实：鉴于我们大脑的神经可塑性（大脑根据新的经历进行自我改变或重组的能力），我们每个人都有能力适应那些哪怕是最严峻的挑战。这种适应能力对我们的生存至关重要，也是我们在经历了艰难困苦和创伤之后建立韧性和满血复活的关键。

让我们想想那些中风患者。他们发病之初是无法移动自己的双手的，但是随着他们大脑的慢慢适应和功能恢复，他们可以通过练习逐渐恢复移动双手的能力。同样，当患有多动症的学生被父母转到一所更支持他的中学后，他也能慢慢学会集中注意力并获得自信。

在"9·11"事件世贸中心被袭击后，我曾接触过一个孩子。当袭击发生、飞机撞上了世贸中心塔楼时，他们全家逃到了附近的一所公寓楼里。袭击事件发生之后，只要那所公寓楼里响起警报，或者只要这个孩子听到了任何警报声，他就会发脾气长达一小时并且拒绝睡觉。在父母的支持下，孩子做了"可以自己开关的警报器"这个练习。多次练习之后，孩子发脾气的次数减少了，而且他发脾气时的状态也不像之前那么强烈了。他的大脑重新适应了这种噪声并认为这种噪声不再是一种威胁了。所以，虽然不确定性的压力对我们的适应能力是一种考验，但它对我们发展学习和整合新信息的能力、使用知识和情感来适应新环境的能力、面对且克服困难并再次建立新平衡的能力非常重要，而所有这些能力都是构成韧性的基础。

在新冠疫情期间，我对一百多个有八岁以下儿童的家庭进行了调查研究，以便我能更细致地了解被新冠疫情大规模影响的不确定性给他们所带来的心理和社会影响。我想了解家长和孩子如何应对新冠疫情带来的不确定性并适应这种前所未有的情况。在新冠病毒大流行的第一年里，报告上来的儿童行为变化中排名第一的是退化：孩子又开始尿床了，他们会在夜间醒来或者使用婴儿语言说话，他们不能像过去那样自己照顾自己了。对年龄较大的孩子来说，这意味着对父母更多的依赖和独立性的丧失。

我曾与一位家长交流过他家的情况。他有一个学龄前的孩子。这个孩子曾是快乐而健康的小孩，吃东西很开心而且很顺利。由于家里发生的快速变化和压力，这个孩子一连几天都拒绝吃任何东西（在儿科医生的干预下，她后来恢复正常了）。在不同年龄段的孩子中，兄弟姐妹之间的竞争在不确定的时期往往会变得更加激烈，甚至导致动手打架，从而进一步加剧了家庭环境的压力。从心理学的角度来看，这些行为变化表明孩子正处于适应新环境的过程中。是新冠疫情本身，还是新冠疫情造成的对自我调整能力的要求导致了这样的反应呢？我的研究和经验指向了后者。

让我来解释一下。

重大的生活变化要求我们以稍微不同（或非常不同）的方式与同龄人或家人互动。有时，这些调整会自动发生并完成。有时，可能需要更长的时间：一天、一周甚至一年。但渐渐地，我们熟悉了去中心城区的新路线，或者我们找到了另一个我们喜欢的新超市或新游乐场。这些调整可能看起来无关紧要，甚至是非常微不足道的。但是，假设你是一个老年人，开车去超市原本就需要比年轻人花费更多的精力和时间，那么对你来说，学习一条新的路线就会让你感到压力过大，甚至会让你心烦意乱。或者假设你患流感有一段时间了，当你康复后去到你经常去的干洗店时，你发现因为实行了新的营业时间，所以干洗店关门了。此时你也许会失去理智，开始哭泣起来。我们都有过这样的日子，一个小小的不合常规的例外会让我们觉得太过分了。在内心里，尽管情况发生了新的变化，我们还是想通过坚持熟悉的东西来维护所谓的确定感。这就是我们喜欢常规、喜欢每日例程的原因：它们让我们感到踏实和舒适。熟悉的事物给我们的大脑和神经系统带来一种平静的感觉。当我们遇到变化时，我们的大脑或多或少会经历一系列的调整。首先，我们意识到了变化；接下来，我们试图确定自己是否能够应对这种变化（这种评估可能会导致不同程度的焦虑或兴奋）；然后，我们会做出反应——要么调整得很好，要么调整得很困难……或者介于两者之间。调整得好或是调整得困难并没有对错之分。

能够更轻松地调整好的人可以被看作是灵活的人或者适应性更强的人，而那些比较难以做出调整的人可能会被认为是比较固执的人。这么说不是价值评判，而是描述一种非常真实的而且从某种程度上来说是与生俱来的适应性方面的偏好。大多数人在某些时候很容易适应，而在其他时候则不那么容易适应。人们的适应性和固执性是可以根据情况而变化的。好消息是，我们每个人都可以去学习如何让自己变得更具适应性，以便更容易地调整自己去适应变化，也就是让自己变得更有韧性。这再一次指出了神经可塑性的本质。

从根本上来讲，对压力的适应是与韧性有关的。韧性既不是一种特质，也不是一种我们要么具备要么不具备的静态能力。韧性和最佳的调整能力依赖于一系列可以被开发和打磨的内在资源。这些资源构成了我将在本书第二部分的章节中做进一步描述的五大支柱：

1. 建立对他人的信任，并由此获得安全感。
2. 管理情绪的能力。
3. 对某种情况采取行动或进行某种控制的主动性。
4. 寻求帮助和与他人联结的意识。
5. 感到自己被他人接纳。

这些关于韧性的资源是随着时间的推移和我们生活中发生的事件以及我们的经历而建立的。不过，亲子关系能够给我们提供一个独特的机会，让我们可以帮助孩子发展这些韧性的资源。每次我们帮助孩子应对或大或小的挑战并帮助他们变得更加有自我意识一些的时候，他们就能更好一点地管理自己那些可能会干扰日常生活（比如上校车、与同龄人交往、进行一项新的体育运动或参加一场考试）的负面情绪。当孩子发挥出他们的主动性时，我们应该站在赛场旁边，让孩子知道自己可以寻求我们的帮助，这样他们就可以建立起能够应对当前和未来挑战的内在认知。当我们保持与孩子的稳定联结，让他们知道自己被重视、被爱和被接纳时，孩子就会发展出一个强大的内心，作为他们在遇到压力和困难时可以从中汲取力量的能量库。

这些核心的韧性资源对于我们的孩子是否有能力过上充实的、有意义的生活来说是至关重要的。它们能使孩子调转方向并继续前进；它们能使孩子在现在以及未来一直参与生活并不断学习；它们能使孩子不仅可以在恶劣的情况下生存，还可以在创伤带来的痛苦和损失中茁壮成长。

在孩子的生活中总会有压力和挑战，这是毋庸置疑的。任何一种韧性的资源都不是为了视而不见或者过度简化许多家庭所经历的重大困难和悲剧。毫无疑问，创伤（特别是多种创伤组合在一起时）会给人留下持久的疤痕。因此，我们需要给孩子提供资源和支持，帮助孩子适应和恢复。还好，当出现这些危险的情况时，家长的反应方式既能缓冲影响，又能支持孩子的成长。如果我们能支持孩子在面对压力时从积极的反应中受益，那么我们就是在帮助他们在未来的生活中取得成功。

亲子关系对孩子的保护作用

我对亲子关系的研究兴趣很早就出现了，并迅速向自己提出了挑战。在我十几岁的时候，我参加了一个专门为在情绪和社交方面出现一系列问题的儿童所开设的暑期项目。当时有一个名叫艾玛的孩子给我留下了深刻的印象，直到今天我还记得她。艾玛当时只有四岁，她受到患有严重精神疾病的母亲的虐待。艾玛母亲的监护权当时处于被终止的状态。

每当老师给艾玛设置了限制（例如，不可以打其他孩子），她就会大声尖叫，几乎无法控制地大声喊着要找妈妈。起初，我被这种行为惊呆了。但是，我很快就被这位母亲的力量吸引了。母亲是小艾玛唯一认识的看护者。当她感到沮丧或脆弱时，她会打电话给那个伤害过她、让她感到不安的妈妈，她仍然希望得到妈妈的保护。这一观察令我对父母的强大作用感到了好奇。孩子的核心需求是要感到安全和寻求保护，这种需求如此重要以至于他们甚至会在需要的时候呼唤曾经虐待过他们的父母。

我当时还不知道"有害压力""创伤""依恋"或"韧性"等术语，但我很快就开始了解了这些术语并且开始认为它们互相之间是有相关性的。我开始思考：当坏事和伤害降临到孩子身上时会发生什么？父母可以做些什么事情来确保孩子不会遭受长期的负面影响？父母在孩子的成长过程中扮演了什么样的重要角色？尤其是，当孩子面对生活中的负面或潜在的有害事件时，父母应该怎么做？几十年来，这些问题一直是我做研究的动力。

后来，当我在密歇根大学就读本科时，我选择学习并进一步调查亲子依恋关系的基础。这是依恋研究的早期阶段。

我录制了数十种亲子依恋的形态。我将它们命名为"陌生情境实验"。现在这是一种被广泛使用的研究范式,用于确定哪些因素会影响亲子依恋关系的质量。我的导师塞缪尔·梅瑟尔斯当时正以早产儿为样本研究早期依恋如何影响儿童在幼儿园的社会化能力。

我当时以自己年轻且未经训练的眼睛去观察我的实验对象。我看到了当家长按照我们的约定离开房间然后又回来房间时孩子们的各种反应。当母亲离开房间走出去时,有些孩子沉默不语,有些孩子大声尖叫,有些孩子自顾自玩耍。当母亲返回房间并与孩子团聚时,无论之前对母亲离开的反应有多强烈,大多数的孩子都会感到安慰、安定下来并相当快地回到他们的探索和玩耍中。换句话说,一旦孩子的主要照顾者(他们的安全感)回来了,信任和好奇心就又回到了他们的身上。不过,我对那些母亲回来之后仍然无法安定下来或继续沉默寡言或不愿意再次与环境互动的孩子感到担心和好奇。

这少数的孩子依旧一声不吭地坐着,或者继续哭喊(而且怎么安慰他们都没有效果),或者从母亲的身边走开,背对着母亲。这段关系中的哪些特点会对孩子的成长是有重要的影响呢?我于是开始设想:如果在这个双人组(父母和孩子之间的关系)中发生了什么坏事,会有怎样的后果呢?负面影响是否能够被克服呢?如果负面影响真的能被克服的话,父母要怎样做才能实现呢？那看起来会是个什么样子的呢？离开大学的时候，我带着许多关于父母该如何支持孩子的迫切问题。我更满怀着一个强烈的愿望：我想要更多地了解这些极其不寻常的、正在发育成长的人。

接下来，我寻找到了一个机会，与20世纪80年代末纽约市无家可归者收容所系统中的儿童和家庭密切合作，仔细研究影响亲子关系的复杂因素。我能够直接与年幼的孩子一起工作，这是我喜欢做的事情。我可以去观察当家庭在拥挤的环境中顶着极大的压力生活，全家人都要面对一定程度的不确定性和恐惧且无人能够应对时，会有什么样的事情发生在孩子们的身上。

与此同时，与这项实践工作相关的是，我与银行街教育学院的政策研究员珍妮斯·莫尔纳尔一起对住在这些无家可归者收容所（当时被称为"福利旅馆"）的儿童进行了研究。我亲眼看见这些孩子的家庭因受到复杂的损害而必须面对巨大的压力乃至恐惧。这非常令人不安，因为那些复杂的损害会破坏父母为孩子提供基本安全的能力。这些孩子没有永久性的住房，会遭遇家庭暴力，食物也匮乏。不过，我还是看到了这样一些母亲（大多数收容所只接纳有孩子的妇女），她们克服困难，不顾一切地继续寻找保护孩子免受持久伤害的方法。同时，我也看到有些家长在难以承受的重压下，无法给他们的孩子提供必需的心理或生理上的安全。我再一次问自己，为什么一部分父母即使遇到难以想象的障碍也能给孩子提供保护性的照顾，而另一些父母却不能满足他们孩子的基本需求呢（虽然这在当时的情况下也是可以被理解的）？

我从对亲子依恋的研究中了解到，在孩子童年的早期阶段，对于儿童良好生长发育所需的安全感来说，虽然外在的环境或或者客观的情况会使目标的达成相对容易或者相对困难，但其实它们并不是关键因素，反而父母或监护人与孩子互动的质量才是最重要的。我所观察到的正是这种现象：尽管无家可归者收容所的情况十分严峻和困难，所有人的居住环境都拥挤、黑暗而狭小，但许多有小小孩的家庭却过得还不错。我观察到，尽管身处逆境，这些家庭中的父母仍然会通过某些做法与孩子联结并为孩子提供必要的支持。这些方法包括：

- 他们随时待在孩子身边并满足孩子生理和情感的需求。
- 他们在与孩子的互动中保持冷静和支持孩子的心态，能够在孩子沮丧、难过或晕头转向时专注于安抚孩子。
- 他们鼓励孩子玩耍和探索他们身边的环境。在可能的情况下，他们会参与孩子的游戏并分享孩子的快乐。
- 他们在杂乱无序的境况中保持与孩子的联结并制定家庭每日例程，让孩子知道每天必须在什么时间做什么事情。

我对收容所中家庭的观察与研究结果是一致的：清醒而适应性强的父母，即使面对物质资源极度匮乏或其他压力源无比巨大的严峻现实，也能帮助他们的孩子适应、调整和成长。尽管父母自己的大脑和身体会因令人不安的、破坏性的、完全无法控制的情况而承受压力，但他们仍然可以这样做。我们将这个项目命名为"心之安处即为家"，因为研究小组很清楚，无论一个人住在哪里，无论他们面临什么挑战，他们都有可能而且需要获得家的感觉，需要获得家人的安慰。

当我接受心理学家培训时，我与很多必须面临一系列严峻生活挑战的儿童一起工作。这些孩子正在承受生理虐待、失去双亲、自身罹患儿科慢性病等压力。常见的情况是，这些孩子的父母们也同样在苦苦挣扎着。然而，就孩子的表现而言，最重要的是他们与父母关系的质量：亲子关系越牢固，父母与孩子的联结越多，孩子就越能调节自己的情绪来适应变化或高压的环境。孩子的适应能力越好，其韧性就越容易被培养起来。

我曾经满怀希望地想，如果我能识别出这些保护因素，那么我也许能够更好地理解孩子们怎样才能度过压力和创伤并且仍然在健康的道路上发展。我还从理论的角度推断：战胜这些压力源或许能使孩子们变得更强壮，更能适应未来生活中的任何挑战。当然，这并非没有代价，但我对基于优势的关注感兴趣，并研究了父母在极端条件下表现出的保护作用，这些作用是促进更广泛的儿童发展的关键因素。

正是有了这个想法我才回到了研究生院，以便更好地理解父母和孩子之间关系的本质。我很好奇，究竟什么样的关键因素能够使得父母在"坏事发生的时候"陪伴在孩子的身边？父母本人究竟又需要什么样的支持才能使他们顺利完成这项"缓冲器"的工作？与此类似，我也很想知道究竟是什么事情使得父母不能陪在孩子身边随时关注孩子。我想要识别和确认父母在与孩子的日常互动中（从日常的琐事到关爱的举动）有哪些事情会在孩子遇到麻烦时变得更加重要。

我进入了杜克大学，在玛莎·普塔拉兹的指导下学习发展心理学和临床心理学。玛莎当时正在对"父母及同龄人对儿童发展的影响（包括正面影响和负面影响）"这个课题进行开创性的研究。我加入了玛莎的这项工作中。我研究父母如何用从自己童年带过来的记忆和社交模式来教育孩子，并影响孩子与同伴的社交实践。我认为这一系列的研究有助于揭示为什么一些孩子能够在同龄人的社交世界中取得成功，而另一些孩子则陷入了社交困境或被他人彻底拒绝。遭遇困境和被人拒绝的孩子更有可能在未来面临持续的社交、情感、学业甚至身体健康方面的问题。

我再一次专注于研究父母的哪些做法在孩子的发育发展

过程中会起到帮助孩子或伤害孩子的作用。我内心充满了希望，我努力思考如何才能帮助在某种困境下苦苦挣扎的父母，让他们能够有办法使自己的孩子不必重蹈自己的覆辙。我的研究可以被看作发展心理学和临床心理学的交叉点。我研究从资优儿童发育发展到问题儿童发育发展的整个范围。

在进行这项父母影响力研究的同时，我也开始从事我的临床工作，将其作为我接受心理学博士训练的一部分。早些时候，我有幸见到了《身体从未忘记：心理创伤疗愈中的大脑、心智和身体》（*The Body Keeps the Score: Brain, Mind, and Body in the Healing of Trauma*）⊖的作者巴塞尔·范德考克，他现在被公认为创伤经历神经生物学方面最重要的专家之一。当时，范德考克的理论正处于形成的早期阶段，即创伤经历不仅在大脑中被体验和记忆，而且身体的整个神经系统在创伤如何以及为什么会对我们产生如此持久的影响方面发挥着重要作用。在此之前的许多年，创伤后应激障碍（PTSD）一直是通过士兵在战争经历后很难重新适应生活这个视角来进行解释的。范德考克的工作将创伤的理解扩展到了战争以外的领域，并有助于定义创伤是如何深深扎根于一个人的身体和灵魂的。他是第一批揭秘创伤后应激障碍（PTSD）的科学家之一。

⊖ 中文版由机械工业出版社于 2016 年翻译出版。——译者注

我和范德考克一样对创伤的病因和影响感兴趣，并深受他主导的一系列研讨会的影响。不过，我的研究更侧重于通过孩子们的眼睛来理解世界。我从范德考克的工作以及他与我的临床工作导师苏珊·罗斯的研究中学到了关于创伤本质的宝贵见解，这对解答我自己的疑问很有帮助。我了解到造成创伤的不仅仅是事件本身，而是还有很多其他的因素，包括孩子自己的脾气秉性以及他们是如何经历事件的、他们对事件的解释是怎样的以及他们在事件中得到了哪些支持。

那么，我们（尤其是孩子的父母）该如何帮助孩子进行关于创伤事件或情境的叙事呢？缓冲效应该如何进行干预才能使创伤不会在儿童的"大脑－身体"系统中扎根呢？父母怎样才能避免围绕创伤事件产生不当行为从而加剧孩子的痛苦、羞耻和煎熬呢？

为什么依恋的神经生物学很重要

父母提供的保护作用已经融入我们的细胞，并扎根到了父母和孩子之间的依恋关系之中。这种原始的关系不仅是一种情感纽带，而且是一种使婴儿和儿童最佳化发展的神经生物学支持系统。婴儿在神经上和生理上倾向于依赖他们的照顾者并激励照顾者来关注、满足他们的需求。与此类似，主要的照顾者（通常是父母）或多或少会倾向于与孩子保持亲密的联系、与孩子联结并对孩子的基本需求做出回应。

哥伦比亚大学研究员米隆·霍弗的开创性工作聚焦在父母和孩子之间这一重要的神经生物学联系上。通过几十年来的广泛研究，霍弗表明：父母和孩子之间的纽带是孩子神经系统的"隐形"调节器。了解依恋启动这种调节效应的原理，可以帮助家长更深刻地去了解和认识，为什么自己对孩子神经系统的最佳发展、"大脑-身体"的调节以及管理压力和适应变化的能力如此重要。

父母和孩子之间的依恋关系是一种强大的力量。它可以激活一系列连锁的生理、情感和认知的发育发展进程。在过去四十多年的时间里，对依恋的研究不断发展和深化，揭示了父母/照顾者和孩子之间的关系中底层的神经生物学原理，以及这种神经生物学是如何促进儿童大脑和神经系统发育的。具体来说，它是从对孤儿的一系列纵向研究开始，逐渐破解这一秘密的。这些被试是20世纪90年代被遗弃并被安置在拥挤的福利机构中的罗马尼亚孤儿。与此同时，明尼苏达大学的研究人员全程跟踪了一个高危婴儿组的童年经历和这些孩子们的父母，以了解依恋在儿童持续发育发展中的作用。这些平行的研究描述了早期依恋关系和持续依恋关系对儿童产生的巨大影响，以及当婴儿被剥夺这种重要的关系时会发生什么。

研究人员从婴儿早期开始跟踪那些罗马尼亚孤儿的成长

情况，直到他们的青春期。他们将这些孩子的发育状态与那些没有经历过"机构看护"的罗马尼亚儿童[○]的发育状态进行了比较。这些研究的目的是调查与父母分离/遭到遗弃、严重的物质匮乏、被忽视以及接受"机构看护"对儿童认知、情感和社交能力的发育有哪些影响。研究的结果令人震惊。它揭示了早年在"机构看护"中度过的儿童更有可能出现明显的发育迟缓（包括较低的智商分数、受损的语言发育以及情绪和行为问题等）的现象。

研究还发现，在生命的早期（即6个月至两岁之间）被家庭收养并获得一系列资源的儿童，比那些在"机构看护"中停留时间较长（两岁之前未被收养）的儿童发育得更好。这些结果表明，早期干预和随后对某位照顾者的安全依恋有助于减轻早期被剥夺的事实带给儿童的负面影响。如果能够获得体贴的照料，早期被收养的儿童有机会以积极的方式去适应生活和变化。

这项关于剥夺的研究相当触目惊心，它同时提供了关于安全依恋对儿童成长中的大脑和神经系统有何影响的重要见解，并且，其研究结果还展示了安全依恋在支持任何儿童发育发展方面有多么好的效果。这项研究还指出了缺乏固定不

○ 指那些只接受了"家庭看护"的儿童。——译者注

变的依恋对象将使儿童付出高昂的代价。与许多关注儿童问题或疾病的研究一样,这些研究人员的努力极大地帮助了临床医生、教育工作者和其他研究人员,让他们了解到早期剥夺造成的后果以及早期依恋关系和安全需求的重要性。

想想看,新生儿来到这个世界时,大脑估计有 1000 亿个神经元。为了让他们的大脑理解来自这些神经元的所有信号,他们依靠父母来帮助神经联结的发展并调节大脑细胞内的信号。父母就像孩子大脑的主要组织者。孩子们需要父母的身体接近和持续照顾。照顾者或父母的反应越灵敏,孩子神经联结就越健全,孩子在身体、情感和认知方面的发展就越理想——这些正是韧性的种子。

父母可以通过很多方式来帮助孩子组织他们的大脑和身体。首先是满足婴儿的基本需求,包括避开危险、吃有营养的食物、获得充足的睡眠、有衣服穿且能保持身体温暖、可以接收到感官的刺激以及自己的需求被敏感地察觉并满足。父母可以通过日常与孩子的互动来满足这些基本的需求:哺乳或喂养婴儿,拥抱婴儿,与婴儿相互依偎,对着婴儿唱歌或与婴儿(或儿童)交谈,照顾处于危难之中的儿童。这些父母育儿的行为看起来很简单,也很自然。但是,你也许还记得上文引用过的霍弗的研究吧:孩子生下来就掌握了引导其父母做出这些行为的方法。当孩子哭泣、尖叫或微笑时,他们其实是在发出信号，要求父母或照顾者满足他们的需求（"我饿了""我觉得不舒服""我需要换尿布""我很高兴并且想要和你们联结"）。当父母对这些信号做出回应时，他们会向孩子正在快速形成的大脑发送强有力的信息来帮助孩子建立必要的神经联结，为现在和未来大脑所有重要的功能提供基础。

十几项主要的纵向研究（以及其他短期的研究）评估了生命第一年的依恋并将其映射到了整个儿童期、青春期甚至成年期的发育发展之中。在多项研究中，研究人员发现，在生命的早期获得过安全依恋的儿童能够更好地管理自己的情绪，他们长大以后也更少表现出焦虑的迹象。与孩子保持联结并理解孩子的父母，可以减少孩子的痛苦、阻止孩子压力荷尔蒙的释放并且帮助孩子调节情绪，其结果可能会对孩子在神经生物学方面的发育产生终身的影响。安全依恋还与更高的认知技能（通过语言推理、工作记忆、感知推理和处理速度来衡量）和更强大的免疫系统有关。总而言之，安全依恋虽然不是实现最佳发展的唯一决定因素，但却是一个非常重要的因素。

亲子关系的质量反映了孩子从这种主要的依恋关系中获得的安全感、信任感的程度。在依恋研究的早期，研究人员玛丽·安斯沃思、玛丽·布莱哈尔、埃弗雷特·沃特斯和莎莉·沃尔通过深入研究母亲和婴儿在出生后第一年的互动确定了依恋质量的三种模式。第四种模式在晚些时候也被确定了。这四种依恋质量的模式是通过观察和研究那些被归类为安全型依恋的儿童群体来确定的。这些儿童的父母在孩子的婴儿期始终待在孩子的身边并能够理解孩子。他们使自己的小婴儿相信父母会回应他们的需求，并在他们感到痛苦时为他们提供帮助。父母不在身边时，这些儿童表现出痛苦、难过并且会减少游戏玩耍。父母回来之后他们则表现出受到了安慰并会重新投入到游戏玩耍之中去。

另外两种截然不同的依恋类型被称为回避型和矛盾／抗拒型依恋，它们被认为是不安全的。这两种类型的婴儿缺乏安全感，他们不确定在自己需要的时候，照顾者会不会待在他们的身边。表现出回避型依恋的儿童在他们的照顾者离开然后再返回时往往会回避或忽视照顾者。即使自己有所需求，他们也可能会转身背对着照顾者或者从照顾者身边走开。这些孩子的表现和我在大学时观察的那些孩子的表现一样。正是那些孩子激发了我对研究亲子关系的兴趣。

这些回避型依恋的儿童在痛苦时往往不会寻求安慰或支持，这让他们在很小的时候就表现得很独立，不怎么依赖他人，因为他们学会了不指望父母来关注自己或回应自己的需求。研究结果表明，这样的孩子会发育出一种"策略"：即使是在压力荷尔蒙很高的时候，他们也能最大限度地减少自己的情感需求。压力荷尔蒙是一种感到痛苦和需要安慰的指标。当这些孩子的压力荷尔蒙释放出来的时候，他们倾向于向内压抑自己的情绪而不是向外寻求安抚。如果孩子觉得没有人会回应自己的需求，那么将自己的感受最小化是一种自我保护的方法。

矛盾/抗拒型依恋的儿童会针对照顾者不一致的反应模式（即照顾者对孩子的需求有时会快速响应，有时却延迟响应，或者忽视孩子的需求，或者拒绝孩子的需求）发展出自己的适应性反应。他们往往对照顾者表现出黏人和过度依赖的行为，因为他们对照顾者是否会随时回应自己的需求缺乏信心。而且，这些孩子很难从照顾者的回归中得到安慰。由于缺少对照顾者是否会回应自己的确定感，所以即使身边有成年人安慰自己，这些孩子也还是会在探索周围的环境时表现出犹豫不决。这些孩子会把自己的注意力集中在监视照顾者在什么地方这件事上。

这些确定了的依恋模式以及随后几十年的后续研究都指出，安全依恋是儿童的基本需求。不过，依恋类型并不是完全固定、一成不变的，记住这一点也很重要。依恋类型是会随着时间的推移而改变的。父母和孩子之间的关系是可以调整的（通常是通过支持性的干预来调整的）。

此外，当孩子走出家门走向世界时，将会出现更多能够影响他们福祉的因素，包括他们与其他人建立的联结和关系。那些人（家庭成员、老师和孩子生活中出现的其他成年人）将成为孩子生活中的依恋对象。这种关系网络指出了依恋"重建"的可能性，这就又回到了人类大脑天生具有可塑性这个话题上了。

然而，我们也知道，改善亲密关系是一个需要细致入微地了解孩子的需求并给予孩子高度关爱的过程。婴儿（以及其长大后成为的儿童）形成的依恋纽带以及信任和安全感的高低，来自于父母与孩子之间的日常互动（哈佛大学的杰克·肖科夫将其称为父母和孩子之间的"服务与回馈"模式，而我更愿意称之为"亲子舞蹈"）。这些持续的互动体现了依恋关系，也使父母成为孩子情绪唤醒的隐形调节器。在日常的互动中，父母帮助孩子处理一天中情绪的起起落落。霍弗将此称为父母的"共建者技能"。

那些父母与孩子之间的身体互动和语言互动至少有两个目的：安慰孩子并使孩子平静下来，以及强化健康的神经生物学线路。孩子会或多或少地依赖和使用父母的大脑来帮助自己调节情绪，直到他们自己的大脑功能更加完整地形成并能够自行调节情绪为止。在情绪和心理层面上，从这些持续的互动中获得的爱和关怀塑造了孩子内心的认知，即：自己是安全且被照顾的。安全感由两部分构成，一是他们事实上安然无恙，二是他们值得被他人照顾。充满爱意和尊重的一次次拥抱、喂食、哭闹时的照顾、睡觉/起床/吃饭的例行程序等行为，都可以加强看护者和婴儿之间亲密的关系，并持续帮助孩子更好地发育。

随着时间的推移，在这种基本依恋关系的基础上，孩子将学会越来越独立地进行情绪调节、满足自己的生理需求和管理自己的（大部分的）情绪。我们将看到孩子学会在睡觉时从要求父母抱着转去自己拥抱泰迪熊玩偶、要求聆听令人平静和愉快的音乐、会主动说自己觉得饥饿或疼痛并开始寻求他人的帮助。孩子们能够这样做时，就表明他们对自身的需求有了新的认识。然而，单靠孩子自己的力量来做到这一点将会是一条漫长的道路。在孩子整个的成长过程中，随着时间的推移，你和孩子之间的距离会越来越远，但孩子仍然会依赖你这个看护者。

成为孩子的容器和锚点

作为父母和照顾者，我们需要为孩子提供的是一种关系，这种关系既容纳又锚定了孩子的经历和体验，并在孩子发展其内在韧性资源的过程中为孩子充当脚手架的角色。这样当孩子准备与照顾者分开并变得独立时，他们的内心就会知道自己该如何管理压力和适应不断变化的环境。

那么，我们怎样才能成为孩子的容器和锚点呢？

我们可以通过与孩子建立一种稳定而灵活的关系来做到这一点。这种关系要求我们在孩子成长、成熟和经历生活变化时待在他们身边、理解他们并调整我们与他们的关系。

我们知道，我们的孩子不会永远是婴儿或小宝宝。我们必须面对这样一个现实，即他们最终会长大，离开我们的"巢穴"，创造他们自己的生活（我们希望孩子离开后仍然与我们保持有距离的联结）。在这段漫长的旅程中，我们将会逐渐放手。我相信这是每个父母的愿望：让自己的孩子成为一个独立的人并依靠他们自己茁壮成长。此刻，你的孩子可能还很小，你可能还很难理解这个未来的目标。然而，这就是我们为人父母的人一生中必须接受的事实。

当你的孩子不断成长和发育时，你应该根据孩子当时的需求来调整支持他们的方式，以便你们之间的关系能适合他们的年龄。在此期间，同时会有一些环境因素影响你们的关系，包括每天都会发生的、持续不断的压力源。在有压力的时候以及每日温和的小变化中，你和孩子的关系会持续帮助他们感到踏实稳定，让他们觉得自己有能力去做任何事。即使你自己本人并不觉得踏实稳定，情况也依然如此。

你和孩子的关系是支持和稳定他们的东西，你是容纳他们的容器。其实，这么说并不准确，你并不是一个只需要出现在那里去吸收孩子的欢喜悲伤、让他们不会感到自己被情绪过度影响的简单的容器。更精确一些的描述应该是：你和孩子的关系具有一种"安全空间"的功能，在这个空间里，孩子会感到自己被爱包围着。与此同时，你和孩子的关系也扮演着一种可以锚定孩子的安全基地的角色。当孩子需要的时候，他们可以回到这个安全基地来寻求安慰和照顾。

你和孩子的关系是你们俩长时间通过彼此之间的许多互动和共同经历建立起来的联结。正如你与朋友、兄弟姐妹甚至伴侣或配偶的关系会随着时间的推移发生变化一样，你与孩子的关系也会随着时间的推移而发生变化。你还在孩子的一生之中扮演了一个核心的角色。他们会在内心将你当成一个榜样，会在他们自己的生活中模仿你的样子与他人建立关系，会按照你信任自己的样子去逐渐信任他们自己。

我自己的孩子们即使上了大学也会常常打电话回家与我这个"基地"联系，或者要求回家来住上几天。对学龄儿童来说，虽然每家的具体情形会有所差异，但却都大同小异。孩子等待父母下班回家或者到体育场馆来接他们回家，然后，再次与父母待在一起并感到放松和安全。为人父母者都应该成为他们孩子的"大本营"。

然而，作为父母，我们满足孩子需求的方式应该是动态的，因为孩子的需求是不断变化的。根据孩子当时的需求，我们的回应方式会逐渐产生细微的差别。而且，随着时间的推移，会变得越来越间接。我们应该退后一步，弄清楚我们的孩子在从小学生到青少年再到年轻人的成长过程中分别需要我们做些什么。

当孩子走在独立的道路上（有时，他们似乎是"迈着六亲不认的步伐"大步地行走着）或者强迫你在更大的程度上与他们保持分开时，他们是在希望、期待并需要父母重新定位与他们的关系。你可以想象你和你的孩子之间有一条无形的线：当你的孩子还是个婴儿的时候，每当你靠近孩子，这条线的张力就会小心翼翼地保持稳定和紧绷。随着你的婴儿逐渐长大成儿童，你会愿意稍微放松一下那条线，给你和孩子之间留出一些距离，同时，你仍然保持能够轻轻地拉动那条线，提醒孩子你就在附近，只是孩子的手够不到你或眼睛看不到你而已。你会让孩子知道，当他们需要你的时候，你就会马上来到他们身边。当孩子需要你靠近时，他们可以拉动那条线，这样你就能理解他们的需求并做出回应了。这是一条可以双向拉动和放松的无形的线，其张力可以灵活变化。青少年和年轻人也会从这种联结中受益。你的孩子可能会大声嚷嚷道"别烦我""滚出我的房间"或"别在我周围转悠，我不需要你"。在那一刻，他们是在表达自己对隐私、对更多的距离和独立的渴望。然而，当他们确实需要你的时候（尽管这种确实需要你的情形可能会很久之后才发生，而且常常会突然发生），他们还是希望你能够立即出现并且离他们足够近。换句话说，你和孩子之间的那条无形的线会变得越来越长，越来越松，但它仍然会在那里，连接着你们两个，其张力的变化，表明了孩子需求的变化。是的，即使是青少年也会拉动那条线，而且常常是在你最不期待他们拉动的时刻。毫无疑问，这绝对会让人感到无比的困惑。

如果以上这些还不足以让你改变想法的话，那么我们可以从这个角度来思考一下：我们与每个孩子的关系是各不相同的。从来没有哪一本父母手册可以指导我们如何与孩子建立起最好的关系，因为根本就没有"最好的关系"这个概念。这听起来似乎很容易理解，但仍然值得我们注意的是：关系是由两个不同的人组成的，他们有着不同的过去和不断变化的需求。你可能会发现自己在气质上或个性上与你诸多子女中的某一个很相似，你可以轻松流畅地与这个孩子交流。同时，你可能会觉得另一个孩子与你完全不同，你在"读懂"那个孩子或与那个孩子联结、理解他想要什么或回应他的需求方面都感到比较困难。某个孩子可能喜欢身体上的亲近，而另一个孩子可能更希望你在他没有向你提出要求时不要去摸他的头发或揉他的后背。某个孩子可能和你是同一类型的学生，他专注、勤奋，非常关心自己的学习成绩；而另一个孩子可能很少把作业带回家，或者可能没有动力去追求好的学习成绩，他更喜欢把时间花在跳舞、玩视频游戏、把计算机拆开后再组装起来或者收集昆虫上面。你与这些孩子中的每一个的爱心互动都将会是不同的。因为他们是走在不同的道路上的不同的孩子，是都和你有关系但彼此之间却完全不同的人。

第二章
养育中的"你"因素

我们都是自己的过去所"生产"出来的"产品",是我们自身的经历和我们所接受的养育方式的结合体。这些经历和养育方式有好有坏。有些事情曾让我们备受感动而念念不忘,有些事情却会让我们希望它从未发生。有些东西我们得到了而且万分珍惜,有些东西我们想得到但却从未拥有。那些我们在童年时期所取得的成就、面临的挑战以及未解决的失望和失败,都在影响着我们作为父母的"人设"。

我们中的一些人曾拥有爱心满满、细心照顾孩子的父母,他们经历了整体来说温暖或支持他们的养育方式。我们中另外的一些人则有着更为复杂的、以痛苦的经历作为标志或定义的历史，包括被虐待、被忽视、被拒绝或双亲早逝。我们中的许多人都同时拥有一些好的经历和一些坏的经历。无论我们个人的经历是怎样的，我们都会将这种背景信息带入我们自己的育儿场景之中，并且往往不会意识到它能对我们与孩子的关系产生多大的影响。

作为孩子的父母，我们都尽了自己最大的努力。但是，我们自己的童年往事和过去的经历可能会突然地、出乎我们预料地、毫无征兆地浮出水面。如果你回忆起自己小时候非常讨厌的"金科玉律"，那么你可能会发现自己想要在对待孩子时更灵活一些；如果你在自己成长的过程中感到自己的家里非常混乱或缺乏家长的督导，那么你可能会在自己育儿时采用更有秩序、更多控制的方法。你可能会被自己驱使去复制过去你与大家庭中堂兄弟姐妹欢聚一堂的那种充满关爱、充满温暖的家庭聚会。或者，你可能会惊讶于自己常常会想尽一切办法去逃避组织家庭聚会，因为在你的记忆中，家庭聚会带给你的感受只是痛苦或孤独。你宁愿从你孩子的学校、你的邻居或社区中找一些人来组成一个"朋友家庭"。我们中的许多人选择了"朋友家庭"。与他们聚在一起庆祝和分享生活事件的是"朋友家庭"中的人，而不是他们真正的亲属。

随着你越来越能适应你孩子的个人需求并能尽己所能地

做他们最好的容器和锚点，你会自然而然地开始反思起你自己的经历。你会思考自己的哪些经历和经验要带入到你和孩子的关系中，而哪些事情又是你不希望孩子去重蹈你自己的覆辙或者想要孩子完全避开的。

这种综合的、与亲子关系和家庭动态相关的个人经历非常重要，因为它会影响我们每天如何与我们的孩子联结和互动，也会影响我们向孩子传达哪些关于人、关于孩子自己和关于生活本身的信息。它还会影响我们对"什么事情可以让孩子幸福快乐"这件事的预判、对孩子应该怎样行动的预期，甚至会影响我们为孩子定义的人生目标。我们的过去也影响着我们对自己是否能成为合格的父母以及是否有能力陪伴孩子的信心。

在我们管理自己对孩子的回应以及帮助孩子培养韧性时，我们自己的过往经历是一个非常重要的背景信息。能意识到自己的意图和问题是需要时间的，而且并不总是让人感到舒服自在的。事实上，认识到我们自己的这些部分会让我们感到非常不舒服、不自在。通常，当家长带着与他们孩子有关的问题来找我做咨询时，我们揭示出的核心问题更多地出在家长未经自我审视的思想、情绪和信念，而不是孩子自身有什么错误。

让我们来看一个案例。

杰琳是一位年轻的母亲。她形容自己曾是一个不讨人喜欢的孩子。她担心自己的女儿克莱尔也会像自己一样"不受欢迎"。当我问杰琳她所说的"不受欢迎"是什么意思时，她回忆起自己八岁时的一个生动的故事：杰琳所谓的最好的朋友坚持说她自己是"希巴女王"[⊖]，并坚持让杰琳做她的"女仆"。那位朋友大声地发号施令，而杰琳则必须完全服从。

杰琳描述道："我很难过，觉得自己很可怜。我居然容忍她命令我做这做那。但是，她是我唯一可靠的朋友，我非常希望她喜欢我，所以无论她说什么我都会按照她说的去做。"

现在，杰琳似乎有些过于担心她九岁的女儿会像以前的自己一样受到其他孩子的刻薄对待。

我问杰琳她女儿克莱尔身上发生了什么事情让她如此担忧。我想知道是否有什么证据可以表明克莱尔很孤独或在交朋友方面有困难。

"我不停地告诉她要为自己发声，要有自己的主张。我希望她有朋友，但不要被朋友呼来喝去地指使，要拥有真正能礼尚往来、双向奔赴的友谊。"

⊖ 希巴女王是传说中阿拉伯半岛的一位女王，曾与所罗门王有过渊源。在不同的传说中她有两种形象，一种是惊艳绝伦，另一种是丑陋无比。——译者注

这听起来像是一个有效的建议，但我仍然不确定是什么事情让这位妈妈感到困扰。于是，杰琳又提到了更多的信息：每当上小学四年级的克莱尔从学校回到家，跟家人谈起自己与朋友之间的分歧或问题时，哪怕只是很小的一点事情，杰琳都会脱口而出，"那些孩子太刻薄了！他们真是太卑鄙了！你必须保护好自己"。

虽然杰琳期望女儿的童年经历能与自己的童年经历相反，希望女儿能拥有平等互爱的友谊，但她却无意中允许自己过去的痛苦经历向女儿传达了这样一个信息："其他孩子都是卑鄙刻薄的，要躲开他们。"

在杰琳的这个案例中，她将自己的经历叠加到了女儿身上，她无法准确地了解哪些事情可能会给女儿带来麻烦，哪些事情则可能不会。本来，克莱尔只是想分享学校友谊剧的情节起伏，但是她的母亲杰琳却基于自己童年时的同伴经历，突然就得出了这样一个结论：克莱尔被刻薄的女孩们伤害了。

让我们来看另一个案例。

鲁本是一位老年得子的父亲。他在自己四十七岁时才有了第一个孩子。当鲁本自己是个孩子的时候，他的家并不是一个令人感到愉快或温暖的地方。他的父母每天要工作很长时间。有时，父母需要打好几份工才能维持他们的生计。他们家经济拮据。父亲常常都是筋疲力尽地回到家，并且经常发脾气。虽然鲁本觉得父亲很爱自己，但父亲却没有什么时间陪他。而且，父亲发脾气时，鲁本会尽量躲开。鲁本的母亲在她自己一天漫长的工作之后会忙着照顾鲁本的弟弟妹妹。因为家并不是一个舒适的地方，所以鲁本大部分的空闲时间都被用于和朋友们在外面玩耍。

鲁本告诉我说，他最快乐的回忆是和朋友们一起长时间地骑自行车以及他们一起创作和玩耍那些复杂的游戏。直到今天，鲁本还和这些朋友们保持着密切的联系。现在，鲁本自己成了一名父亲，他把交朋友这件事看作是自己孩子的首要任务。他鼓励孩子交朋友，自己也愿意参与孩子与其他孩子在一起的各种活动。鲁本十二岁的儿子阿图罗安静而善良。他喜欢在周末的时候与爸爸妈妈待在一起，帮忙做些家务或一起在院子里干些活。当鲁本鼓励甚至强迫阿图罗和他的朋友们出去玩时，阿图罗拒绝了，坚持说要和父母待在家里。他们父子之间的冲突常常以两人争论阿图罗为什么不想和朋友在一起而告终。

虽然我很清楚鲁本希望儿子拥有最好的童年，但鲁本却还没有意识到自己正在把儿子的幸福快乐建立在他自己的经历之上，从而忽视了那些可能对孩子有效、有益的东西。毕竟，阿图罗在鲁本夫妇创造的温暖有爱的家庭之中长大，这个家里的生活与鲁本记忆中他自己原生家庭的生活是完全不同的。

另一种常见的案例是父母无意中将自己的经历或历史投射到孩子的身上。他们会仅仅因为孩子是自己生的就认为孩子的兴趣和成年之路与自己是一致的。

阿丽娜和她哥哥的遭遇就是如此。他们出生在美国，父母亲是来自亚洲的移民。阿丽娜的父母靠奖学金把两个孩子都送入了学术性很强、竞争很激烈的高中，希望两个孩子都能够出类拔萃（父母只能接受 A 及更高的成绩），沿着与父母同样高水准的学术道路进入大学并完成大学学业。

阿丽娜如今已身为人母。她告诉我说："我父母来这里的全部原因就是为给孩子提供最好的教育。他们的座右铭是'努力学习，在学校表现良好，进入你能进入的最好的大学'，只要能考上，学什么专业都行。"阿丽娜指出，父母从未考虑过她本人的兴趣，而且她自己也从未考虑过自己的兴趣。"毕竟，父母为我们做出了如此多的牺牲。"阿丽娜回忆道。

我问阿丽娜是否喜欢她在竞争激烈的小型文理学院的经历，她坦白说："嗯，不太喜欢，我觉得自己别无选择。但就算我可以选择，我也会去做同样的事，因为这能让我的父母感到非常高兴。"

那么，阿丽娜的哥哥情况又如何呢？他在一所精英大学就读时进入了某个科学领域。虽然他一直很不开心，但却从未改变自己的专业或职业道路。他实现了父母想让他成为医生的梦想。"人们会认为他的人生是非常理想的，因为他是一位成功而且知名的医生，"阿丽娜评论道，"但他对父母多年来对他的'逼迫'感到非常不满，以至于他很少去看望父母，而且多年来一直拒绝与父亲交谈。"

现在，阿丽娜上十一年级的女儿不愿意高中一毕业就直接上大学。她想先去从事音乐事业。阿丽娜的儿子则想成为一名环保活动家，为一家非政府组织工作。阿丽娜来找我，是因为她对这两个孩子所选择的生活方式感到沮丧。她大声地说："我给了他们成功所需的每一样东西，我担心他们会把这一切都扔掉了。"

我向阿丽娜指出，她过去帮助孩子们做的是让他们找到一条他们自己有热情去走的道路，也包括让孩子们培养他们自己真正的兴趣。孩子们确实可能获得"成功"，只是不会通过走她或她哥哥走过的那条老路去获得"成功"。

我们讨论到，作为一个孩子，阿丽娜的梦想和激情从来没有得到过父母的培养和重视。渐渐地，阿丽娜越来越意识到她仍然沉浸在父母为她塑造的思维模式中。她受到了父母历尽千辛万苦来到这个国家的经历的影响，并在不自觉的情况下把这种思维模式投射到了她自己的孩子们身上。当阿丽娜开始反思自己过去在选择大学和职业道路上没有发言权的悲伤时，她慢慢地接受了孩子们对他们自己人生道路的渴望。她甚至开始承认，她很高兴孩子们拥有为自己着想并开始为自己的未来制定方向的能力。她把孩子们的热情视为一种积极的品质，并意识到这也曾是她自己过去非常想要的东西。

这就是我所说的"你"因素。不管我们来自什么样的家庭，我们都会给我们作为父母的这个角色带来些什么。这是人类的一部分。能意识到这些因素如何影响着你们的亲子关系，对于看清你的孩子是谁至关重要。不要对孩子有内在的而且常常是下意识的偏见。不要忽视孩子，不要对孩子抱有不切实际的期望，也不要无意中评判或羞辱孩子的选择。因为这些都会威胁到你们的亲子关系以及孩子对你的信任。

自我觉察

另一个关于父母自己过去的经历影响亲子关系的例子来自于我收到的一封电子邮件。给我发这封邮件的人名叫黛布拉，是几年前参加过幼儿中心课程的两个孩子的家长。

黛布拉对发生在她上小学的孩子们身上的事情感到不安和困惑。黛布拉的女儿卡拉今年七岁，上二年级。她的弟弟奥利弗上一年级。我记得这对兄妹在上幼儿中心课程时一直很亲密，我渴望听到黛布拉向我讲述他们的近况。我安排了一次会面。黛布拉向我描述了她最近和卡拉、奥利弗一起参观科学博物馆的情形。

当时与她们母子三人同行的还有另外一位母亲（黛布拉的朋友）和她的两个孩子。卡拉姐弟俩很高兴能和朋友们在一起玩。四个孩子都变得越来越兴奋，越来越吵闹。这让黛布拉感到很焦虑，因为他们那时是在博物馆里。当黛布拉觉得自己对孩子们的行为越来越不满时，她向他们一次次发出"嘘"声，想让他们的表现得体一些，或者要求他们停止吵闹、保持安静。但是，黛布拉的那位朋友似乎并没有因为孩子们的行为而烦躁。当黛布拉哀怨地看向她时，她也只是报以微笑。

当奥利弗和他的朋友决定在光滑闪亮的大理石地板上奔跑和滑行时，黛布拉的怒气达到了顶点。她紧紧抓住奥利弗的手腕，用力把他拉住，然后自己的身体向他靠过去并从牙缝里挤出一句话："现在马上停止！"

接着，黛布拉看向另一位目睹了这一切的母亲并严厉地训斥了她的孩子。

在一阵尴尬和愤怒中，黛布拉转向她的朋友说，自己要带孩子们回家。然后，断然地（不开心地）和他们一起离开了博物馆。在此之前，那是一次非常愉快的出游。不过，所有的开心快乐都在不愉快中结束了。

在这个场景中发生了很多事情，所以让我们把它拆开来看。在黛布拉进行干预之前，孩子们似乎以一种让黛布拉感到不安的方式玩得很开心。"孩子们的表现很糟糕吗？"我问黛布拉。

"其实也还好。但我认为他们应该表现得更好，少惹大人生气，因为我们是在一个公共的场所里，是博物馆啊。"她坚持说道。

黛布拉显然是那种会对孩子的吵闹感到不舒服的人，而她的朋友却对孩子的吵闹感到无所谓。我们很容易同情黛布拉，因为我们也都希望自己的孩子能在公共场所表现良好。然而，让黛布拉感到心烦的是，她现在认为孩子们当时的表现是"正常的儿童行为"，而她自己当时对孩子们的反应却是那么严厉。尽管她并不喜欢如此严厉地对待孩子，但当时她还是那样做了。

黛布拉平静地问我："为什么我会对这种情况感到那么烦恼？为什么我会对我的孩子那么严厉？"她显然希望更好地了解自己。

"你是指奥利弗极度兴奋和精力旺盛的这种情况吗？"我问。

"是的，我以为他应该表现得更好。不过，现在我也意识到了他只是个小孩子。"

"没错，他才六岁。你仔细想想，他在此之前去过几次博物馆呢？他理解你对他在那里能做些什么或者你需要他怎样表现的期望吗？"

黛布拉犹豫了。她仔细想了一下后，说："不，他可能不理解。我想我本可以说得更清楚一些的。不过，他和他的朋友几乎总是在一起吵闹玩耍，他可能听不清也听不明白我所说的话。但是，我为什么会那么用力地去抓住他呢？"

这个问题是我们一直都要问自己的：为什么孩子的某个特定行为或反应会让我们感到不舒服，或者会促使我们比平时采取更有力的行动？因为黛布拉的过激反应让她自己感到很沮丧，所以我问她："你自己的经历中有什么曾让你感到如此不舒服和沮丧的事情吗？"

她快速地回应了我。她说："我以前也想过这个问题。我父亲是军人。他对我们家的行为有一套非常严格的规定。我和我的姐妹们被期望在任何时候都表现得非常好，否则我们就会得到一记耳光，有时甚至更多。父亲哪怕只是摆出严厉的表情，就足可以让我们守规矩了。"

我问黛布拉她是否想对自己的孩子也使用她父亲的那种严格的方法，她毫不犹豫地强调说："不，不，我根本不想这样！我不想让我的孩子害怕我，我真正想要的是他们的尊重。我们过去就非常尊重我们的父亲。"

在我和黛布拉进一步的交谈中，她明白了恐惧并不等于真正的尊重。这让她想知道，如果自己不严厉的话，孩子们怎样才能尊重她。她也认可了自己在博物馆的强烈反应源于一种感觉，即她的孩子们不尊重这个地方、不尊重周围的其他人，尤其不尊重她。她意识到，自己的方法和期望忽略了孩子们是多么年幼，也忽略了孩子们在参观结束感到疲惫时，可能是她与孩子重新联结的好机会。

在接下来的几个月里，黛布拉努力理解自己小时候受过的伤害。她曾希望得到父亲的关注，却又不想惹父亲生气。她渐渐能够将自己的孩子看作是正在探究如何融入世界的小人儿。她越来越能意识到自己在哪些时刻（孩子们按下自己的哪个"按钮"时）更容易生气或更挑剔，比如孩子们在房子里跑来跑去并且不听她的话，或者孩子们在公共场合说话很大声或者做出某些动作（互相扭打并摔倒）时。她还发现，自己对孩子们的宽容和耐心会在"过渡时刻"减少，比如让他们离开家或某个地方（比如博物馆），叫他们到餐桌那里吃饭，或者要求他们做睡前准备时。黛布拉识别出了自己的"引爆点"之后，她就开始有意识地让自己在这些时刻做出改变。通过让自己变得更加沉稳和冷静，她能够更好地支持她的孩子们，帮助他们更好地处理"过渡时刻"和他们强烈的情绪。在本章的后半部分，你会找到在"过渡时刻"和其他"引爆点"让自己和孩子都冷静下来的具体方法。

成年人也需要情绪调节

"了解我们自己"这件事里包含了要意识到我们自己的情绪体验。在我们开始帮助孩子管理他们的情绪之前，我们首先需要管理好自己的情绪。当我们无法控制自己的反应或情绪时，我们就无法帮助孩子保持冷静。想要平息孩子们的不安情绪，只能依靠我们自己的理智和冷静。

也许，当你是个小孩子的时候，你并没有掌握最好的让自己冷静下来的方法，而且，对你来说管理自己的情绪是一件很困难的事情。那么现在，作为父母，你就会发现自己处于两个极端：要么焦躁且容易愤怒，要么孤僻且害怕参与。所以你会选择不去管理自己的情绪而代之以封闭自我。

也许，你过去的生活曾经很动荡，比如，你受到过伤害或者承受过长时间的压力。那么现在，这些事情就会影响你的内在资源，让你难以处理复杂或强烈的情绪。

也许，你过去和父母的关系中充满了让你不愉快的事情，或者你曾经缺乏安全感，或者两者兼而有之。那么现在，在你和孩子的关系中，你会感到不知所措而且无法确定怎样才能更好地帮助他们调节情绪。尤其是，当你需要面对孩子们强烈的情绪或行为方面的突变时，你会感到崩溃。

例如，一位母亲在家庭生日聚会上迟到了。在到达聚会地点之前，她、她的丈夫和他们的两个孩子都曾非常兴奋地冲出家门、跑上汽车。他们从上午到下午一直都在制订计划、谈论聚会。孩子们一想到将在聚会上见到自己的堂兄弟姐妹就变得更加兴奋。然而这位母亲一想到自己将在聚会上见到自己的某位表姐则感到更加焦虑。她和那位表姐曾经发生过争吵。她们两个人已经好几个月没说过话了。

现在，汽车后座上越来越热闹了，不断地传来孩子们"咯咯"的笑声。当一个孩子拉扯另一个孩子的头发或者一个孩子戳另一个孩子的肚子（为了开玩笑而已）导致后者发出尖叫声时，这位妈妈的情绪在前排座椅上爆发了。她用比平时大得多的声音大喊道："住手！"她向后挥动的手臂几乎就要打到孩子们了。两个孩子立刻停止了他们的行为并且大哭了起来。这位母亲原本对将要见到表姐这件事感到十分的紧张和烦躁。现在，她对孩子们发了脾气，但她的紧张和烦躁却并没有得到缓解。她甚至觉得自己更加沮丧了。

原本洋溢着欢乐的汽车突然之间就被负面的情绪填满了。

那么，在这种情况下，让这位母亲真正感到生气的是什么事情呢？是孩子们的戳来戳去、推推搡搡和大声尖叫吗？还是这位母亲自己因为想到要与表姐见面、想到自己与表姐之间的复杂关系而感到情绪压抑呢？

这个例子展示了复杂的情绪是怎样与我们的孩子一起对我们产生影响的。当然，你的实际情况可能跟这个例子并不完全一样。但你也许可以自己想出一个类似的情况，即当你处于烦躁、紧张或压力巨大的状态时，正是你孩子的行为把你推过了情绪爆发的边缘，让你失去了理智和控制。我们经常会体验到一些负面的情绪，并且以实际行动将这种情绪发泄给他人，而不仅仅是让这些负面情绪停留在我们自己的头脑之中。

我并不想批评那位坐在汽车前排座椅上情绪失控的母亲（或许她出发之前在家里时就已经失去冷静了）。她感到很焦虑、很沮丧。我自己也曾经有过这样的情绪。你也可能有过这样的情绪。但是，让我们把这种情况看作是一种常见的育儿困境吧。在这种困境中，我们要同时处理多种感受（或情绪反应）。我们如何才能更好地管理自己的感受并保持我们成年人的"人设"呢？

在上述故事情境中的那位女士也许是在对某些想法或感受做出反应。也许，她和表姐的关系一直很紧张，现在只剩下了缺乏信任和随之而来的一些苦涩，或者她们之间是一种充满爱的关系，但却同时充满了持续竞争的色彩。无论是哪种情况，这位女士对孩子们在后座上打闹的暴躁反应都会让人觉得她可能是联想到了一些不太愉快的回忆，在那些回忆中，还是小女孩的她和她的那位表姐曾经争吵打斗过。这段历史使得这位女士比其他人对孩子的互相打斗更敏感、反应更强烈，即使她没有意识到自己的反应背后是什么，这也是说得通的。

或者也许是这样：这位女士在漫长的一周里一直忙于工作、照顾孩子和为母亲预约医生，她已经筋疲力尽了。因此，相对于匆匆忙忙去参加家庭生日派对来说，她宁愿待在家里，享受与孩子们在一起的时光，读读书或放纵一下自己（当天晚上和丈夫一起看一部新上映的电视剧）。尽管她和她的表姐上次同处一室的时候吵了架，但她们原本就不怎么亲密，所以她对此并不太生气。她只不过是想让汽车后座的孩子保持安静与平和而已。

在这种情况下，这位女士快速说出了"住手"这两个字。虽然她说得很大声，但她并不生气。相反，这是一种为了获得自我所需（孩子们停止打闹）的呐喊，因为在度过了漫长而劳累的一周之后，她的神经早就已经疲惫不堪了。

在以上两种情况中，孩子们可能都不会受到太大的影响。但是，作为孩子的父母，我们怎样才能学会觉察我们自己的感受和反应，以便去帮助孩子管理他们对我们来说具有挑战性的行为和情绪呢？这是个难题。我们只有自己先做到自律自控，才能帮助我们的孩子学会自律自控。

请允许我在此强调：并没有唯一正确的方法可以让父母妥善处理类似上述的情况或让父母学会在自己情绪剧烈时为孩子提供所需的支持。我们确实可以选择不同的方法。问题的关键是我们需要了解都有哪些选项，这样我们才能选择其中的一个。我们是否有能力以有益的方式应对与孩子相处的任何情形将完全依赖于我们自身的灵活性。我们不仅要在生活比较顺利、与孩子的相处也比较顺利的时候具有灵活性，而且尤其要在我们的生活发生了不确定的事件、生活的压力突然增大时保持灵活性。那位在车里差点把灵活性弄丢的母亲原本不打算大喊大叫或动手打孩子的，她也并不想把他们弄哭。事实上，我敢打赌，这位母亲会因为自己的过激反应而自我感觉非常糟糕。

那么，这位母亲能以哪种不同的方式处理以上那种情况呢？

也许她可以更直接地告诉她的丈夫说她不想去参加家庭聚会。

或者，她可以提前给表姐打个电话，聊一聊她们俩之所以意见不同的背后原因。她甚至可以在去参加聚会之前打电话给某位朋友，说出自己的苦恼并获得朋友的支持。

再或者，她早已经为参加这次活动做好了心理准备并尝试了一种自我觉知的练习，比如为了让自己冷静下来而有意识地深呼吸并提醒自己可以应付得了这次聚会。

又或者，她可以心平气和且毫不犹豫地转过身来朝向后座上的孩子们，要求他们安静下来，告诉他们说如果每个人都能在去参加聚会的途中友好相处的话，那他们聚会的时候就能玩得更好、更愉快。

我们可以选择采用不同的处理方式，但我们确实需要在事态最严重的时刻提醒自己可以做出选择。在事情发生时，我们的情绪越激动，我们就越难记得自己是有选择的。所以我们必须先从管理好自己开始。这并不是那么容易做到的事。

斯坦福大学的心理学教授、情绪调节专家詹姆斯·格罗斯将"情绪调节"定义为"个人影响自己拥有何种情绪、何时拥有情绪以及如何体验和表达情绪的过程"。早期研究情绪调节的心理学家认为，想要管理我们的情绪，我们只需要做两件事：要么限制这些感觉，要么分析它们。这两者都是认知/思维过程。科学家们后来发现，事实是，情绪调节在很大程度上是这些突然感受到的情绪和大脑中的认知区域（主要位于前额叶皮层，是比较受意识控制的区域）之间的双向互动。这既是自下而上的，也是自上而下的。情绪逐渐产生（从"底部"向上），同时我们学习如何处理它们（从"顶部"向下）。简而言之，当我们在处理情绪时，大脑中无意识的情绪部分将会与大脑中更有意识的决策部分进行交流。当我们陷入强烈的情绪波动时（愤怒、嫉妒、沮丧或强烈的痛苦/悲伤），我们的情绪会占上风；当我们能够意识到坐在汽车后座上的孩子正在惹恼我们，并且能够决定如何响应这种情况，如何更有效地管理我们的怒气时，我们就是在动用自己大脑中决策和思考的部分了。

情感和认知之间的这种相互作用在现实生活中是如何发挥作用的呢？举例来说，当我们焦虑时，我们会更难以保持情绪的稳定。我们可能会对来自他人的批评表现得更为敏感，而且更容易感到自己受到了伤害。我们会更容易感到不安全、不确定并且更容易沮丧，或者，当我们感到自己受到了对方的威胁，更有可能向对方发起猛烈的抨击。

焦虑使我们的情绪处于一种紧张状态，这往往会导致愤怒。在充满不确定的时期，这类负面情绪总是会更加高涨。在那时，我们需要多想一想，要将情绪视为我们有能力去抑制其发展或滋养其增长的唤醒状态。当我们能够将自己的情绪识别为"积极而有益"或"消极而不稳定"的时候，我们的情绪调节就开始了。这种很快发生的第一级评估将紧接着引出我们处理这些情绪的常用方法。有些人能够更好地管理他们的负面情绪，有些人则更容易感到沮丧或更容易被激怒。

当事情涉及围绕情绪调节的亲子互动时，它可能会变得比较微妙而棘手。在生理和行为层面有效减少情绪唤醒，可以提高孩子在面对社交和学业挑战时管理挫折和潜在焦虑以及控制思想和行为的能力。所有这些能力都是孩子驾驭学校环境、发起积极的社交互动以及保持心理健康所必需的。因此，学习有效的情绪管理策略是非常重要的，因为它能促进情绪调节能力的发展。同样重要的是我们要牢牢记住这一点：对孩子来说，这个学习的过程需要很多年的时间，并且会在他与你的亲子关系中逐步展开。

成为足够好的父母

你的孩子学习处理他们情绪的方法显然与你处理自己情绪的方法有关。这两者是密切相关、同时并行的。正如本章中的那些例子所表明的，当你处理自己与一个或多个孩子的关系时，你本人的情绪以及你自己的成长经历，会在你采用什么样的态度与行为方面扮演重要的角色。这很容易让人想到：因为我们是成年人，所以我们完全可以控制自己的情绪。然而，真实情况是：情绪往往会在我们意想不到的瞬间自动地控制住我们。在回应孩子的时候，你并不总是能处理好自己的情绪。孩子的行为会不知不觉地把我们抛到一个容易受伤的位置。考虑到这一点，也就难怪我们会忘记我们在处理问题的时候带上了自己的情绪或者投射了自己的成长经历。你有时甚至会对自己的反应感到惊讶。我本人就曾是这样的。我们必须知道自己是谁，我们会带着什么行走在这段与孩子同行的亲密而重要的旅途上，这是我们在成为父母之前往往不知道但现在必须知道的为人父母的要素之一。你自己被养育的过程、你的经历甚至你和伴侣的关系都会影响你和孩子的关系。作为父母，我们所携带的这些复杂而多样的情绪或过往的经历，也会影响我们是否能有效帮助孩子在培养韧性和良好自我意识的道路上学会处理情绪。

那么，这对我们自己和我们的孩子来说意味着什么呢？当我们花时间和空间去做刻意自查的工作来了解我们自己，让我们对自己的经历和情绪（包括曾经的失望以及我们希望自己小时候会拥有什么）能有所觉察时，我们就会更有能力成为可以提供安全感的、随和灵活的、能与孩子联结的照顾者，更有能力与孩子建立起一种真实可信的亲子关系。这绝不是要你成为那种对孩子唯命是从、有求必应的完美父母，也不是在说为人父母只有一种唯一正确的方式（其实根本没有所谓完全正确的方式）。向孩子表达爱和支持的方法有很多种。

事实上，早在 20 世纪 50 年代，备受学界认可的儿科医生和精神分析学家温尼科特就提出了"足够好的母亲"的理论。顾名思义，这一理论的内容就是：当父母"足够好"时，孩子个人的基本需求应该会被满足，他们的真实自我（包括他们是会生气、会有其他负面情绪的人）应该会被父母接纳；当这种情况发生时，孩子就会感到足够安全，觉得自己可以离开父母去探索世界。温尼科特的理论里用的是"母亲"这个词，因为在他那个年代，母亲被认为是唯一重要的家长。不过，我们现在知道了，母亲和父亲对孩子来说都很重要，他们当中的一个或两个，或者两人之外的另一个主要照顾者，都可以满足孩子的需求并给孩子传达出明确的信息，即他们随时会待在孩子的身边，照顾他、帮助他。

温尼科特进一步对"不惜一切代价追求完美"可能会带来的潜在危险提出了警告。温尼科特认为，想在育儿时成为"完美父母"的观念是有害的。随着婴儿成长为儿童，他们需要看到父母实际上并不完美。当父母偶尔不能满足孩子的需求时，孩子就会被迫适应那种情况，从而使他们的韧性得以生长。我希望家长们记住，追求完美不仅是不切实际的，而且还会剥夺孩子发展韧性的机会。

让我们面对现实吧。我们可以有自己的情绪，无论是好的情绪、坏的情绪或者丑陋的情绪。所有情绪都是正常的。我们也可以在孩子达到了适合的年龄之后让他们知道我们有情绪，这也是正常的。当我们与孩子处于真实可信的关系之中并逐步将他们培养成有韧性的、正派的人时，他们需要知道我们并不完美，我们也不会不顾一切地去做到完美。温尼科特认识到，亲子关系为孩子的生活做好了准备。当这种关系被自然破坏以及父母犯错时，孩子们将学会适应生活和自我调整。你的孩子将在与你之间健康但不完美的关系中去了解真实的人际关系是如何运作的。

我之所以如此强调温尼科特的理论，是因为几十年来我与家长和孩子相处的经历让我对此深表赞同。对作为孩子父母的你来说，最难的部分是接受自己的错误和失误，并将对孩子的关爱和照顾做到"足够好"的程度。当你放弃追求完美时，你就可以成为孩子的容器和锚点。你可以灵活而不苛求自己，你可以不带评判地与孩子互动。亲子关系是你和孩子两个人之间的"舞蹈"。有时，你们的舞步会很流畅，有时则不会。你们两个人将会在这种状态下一起相处很长时间。

在本书接下来的部分，我将分享一些实用的策略和方法。它们不仅可以帮助你的孩子建立韧性，还可以帮助你培养与孩子之间持久的、真实可信的关系。这五个韧性的支柱将成为你的路标，指导你练习与孩子之间保持健康的边界并为孩子设定合理的限制，由此孩子才能内化出重要的情绪上的安全感。通过保持自我觉察，你将摆脱自己的羞愧和担忧，你将能够看到孩子在你面前表现出的优秀品质，你将支持孩子让他们更好地成长，并且让他们知道即使是在最艰难的时刻，你也会待在他们的身边。

需要进行反思的问题

回想一下那些让你感到强烈情绪的情况：愤怒、沮丧、极度悲伤或困惑、嫉妒，也可以是骄傲、兴奋或幸福。然后，花点时间去思考以下这些问题：

- 当时的情况是消极的还是积极的？

- 你是如何处理当时那种情况以及随之而来的情绪的？你的反应是怎样的？

- 回想起来，你对自己当时的反应有什么感觉吗？你希望你当时是以不同的方式去反应吗？如果是的话，那种反应方式会是怎样的呢？

- 你应对压力或紧张情况的典型反应是哪种？通常情况下，你会怎样应对正在发生的或有可能发生的强烈情绪呢？

- 哪些场景会使你自己的情绪和唤醒系统变得高涨？是否有一些熟悉的时刻或情况让你感到心烦意乱？有没有你希望切断情绪或试图避免情绪的情况？

- 什么能帮助你冷静下来？有什么策略可以帮助你恢复内心的平衡或稳定的感觉呢？

- 你童年时期的哪些回忆是你希望与你的孩子和家人一起复刻的？你还记得那些你原本打算以不同方式去做的事情吗？

  无论你对这些问题的答案是什么，了解你对压力时刻的反应是能够调节情绪和保持情绪稳定的关键。你越是了解这些过程以及你从自己的童年带来了哪些积极的和不那么积极的东西，你就越能帮助你的孩子茁壮成长。

支柱一：信任他人
支柱二：自我调控
支柱三：主动性
支柱四：与他人联结
支柱五：感到被接纳

02

孩子韧性的五大支柱

当我教授关于儿童发展的课程时，我将儿童成长发育的领域，根据需求类型划分为几大类，从生理（生物）需求到心理（情感）需求，从社交需求到认知（智力）需求，就好像每个领域都是独立的，都在各自不同的领地上发育发展似的。我这样做是为了让我们能够分别思考每个领域本身的重要性，单独讨论针对某个领域的研究并解释该领域对儿童发展的重要性。在真实的场景中，儿童的这些成长领域是协同工作并且有所重叠的。

当我教授以上概念时，我会解释说，虽然我们将把这些领域作为单独的领域来讨论，但最终我们会把它们全部放回到一起，组合成实际的、更为复杂的儿童发展模型。一个领域会在错综复杂的相互作用下影响另一个领域，因为儿童是作为一个整体发展的，他们不会单独发展某一领域。为了理解儿童的整体发展，分别观察不同的发展领域将有助于以专注的眼光审视每一个推动儿童成长的领域。我在与家长交流孩子的发展或孩子对父母发出的挑战时，也使用了类似的方法，让家长可以看到孩子行为的美好和复杂性。我将通过将这些领域分开进行讨论，来阐明父母与孩子的独特关系如何成为他们在整个发展过程中持续稳定的容器和锚点。

本书提出的培养韧性的五大支柱是这些领域的具体反映。它们也与我们可以直接教给孩子的技能以及我们可以通过亲子关系教给孩子的技能相一致，这样孩子就可以建立起他们自己的内在韧性资源，从而受益终身。安全基地的内化、情绪的自我调控、主动性和独立性的发展、社交智慧和对他人的同情心、发自内心的自爱和自我接纳，所有这些都与儿童发育的关键里程碑同步，而且会为你（孩子的父母）提供机会，让你可以支持孩子，强化那些能使孩子独立自主、自尊自信的事情，让孩子日复一日地在任何情况下（哪怕是充满了不确定性或高度紧张的时刻）都能适应和恢复。因此，虽然我在接下来的章节中会分别论述各个支柱，但它们却是彼此重叠和相互加强的。它们并不需要一个接一个地线性展开。你可以从五个支柱中的任何一个开始阅读，然后根据自己的需要转向其他相关的支柱。

在支柱一"信任他人"中，你将在与孩子的亲子关系中帮孩子建立并强化安全感，你将回应他们最基本的需求，并在他们成长和成熟时进行细微的调整来适应他们。有了这个基础，你的孩子就可以信任和依靠你。然后，随着时间的推移，他们会在自己的内心培养出一种内在的安全感和信任感，这将在孩子的一生中为他们提供支持。虽然你是孩子整个发展过程中的锚点，但随着孩子的成长，他们会获得锚定自己的能力，让自己可以在与他人的关系中保持稳定。

在支柱二"自我调控"中，你将帮助你的孩子理解和管理他们的情绪。你首先要和他们一起调节他们的"大脑－身体"系统。这听起来可能很复杂，但实际上它是你们亲子关系中本身就固有的一个过程。你已经每天都在做了。当孩子们最终学会自我调节时，随着他们自我意识的增长，他们大多会变得有能力去管理自己的行为和情绪。

在支柱三"主动性"中，你将看到当孩子开始与父母分离、逐渐走向独立时，父母应该如何既给孩子限制又给孩子留出空间和自由，以及父母这样做的必要性。虽然孩子与父母的分离过程可能会变得很混乱并且时断时续，但它却能使孩子发展出主动性，即依靠自己做出完善的决定并朝着目标努力的内在能力。

在支柱四"与他人联结"中，你将看到你与孩子的亲子关系是怎样成为孩子学习如何与他人真诚联结并发展重要社交技能的榜样的。社交或人际交往的技能不会在孩子的身上自行产生。孩子需要"脚手架"的帮助和明确的教学，这样他们才能学会如何与他人相处、如何尊重边界（自己和他人之间的界限）以及如何建立稳固的人际关系。

最后，支柱五"感到被接纳"向你展示了当你接受孩子成为他们自己（可能与你想要或期望他们成为的人不同）时，你的孩子是如何学会接受自己和爱自己的。当孩子感到自己的复杂性被别人看到并理解时，这种情况就会发生。这一支柱向家长展示了如何避免埋下羞耻的种子，这些种子对孩子的自我意识来说具有非常大的腐蚀性。家长应该毫无保留地简单而自由地去爱孩子。

当你通读这些支柱并实践其中一些建议和策略时，请想一想孩子发育的各个方面是如何与韧性的各个方面相互重叠和相互支持的。此外，还要想一想这些支柱及其策略给你提供了哪些方法，让你不仅在孩子成长过程中与他们保持联结，还能创造出一些"接触点"，让你可以在孩子的各个年龄段去加深和巩固你们的亲子关系。因为孩子会逐渐获得独立，会把更多的时间花在家庭之外并最终搬出你们的家去独自生活，所以这会变得越来越重要。

当然，你和你的孩子们在驾驭这些支柱时会有很大的差异。例如，某个孩子可能身体发育相当快（十个月大时就学会了走路），但却具有比较胆小的个性，会在社交领域表现出对陌生人的恐惧。这种恐惧即使在孩子到了中学高年级后会有所减弱，但却不会完全消失。因此，重要的是我们要记住，如同儿童发展本身一样，帮助孩子建立这些内在韧性资源的过程从来都不是线性的。而且，因为你将要在你和孩子的亲子关系中教授他们这些技能，所以你自己的方方面面将会以有意或无意的方式发挥作用。

如果你能将这一点牢记在脑子里，那么当你继续与孩子一起成长时，你就会发现更多需要反思的问题。我们越了解自己是怎样的父母，就越能成为更好的父母。这些问题的目的是帮助你觉察是什么让你感到不愉快以及它为什么会让你感到不愉快，觉察你对孩子的期望是什么以及它们是否现实，觉察你为孩子设定了什么样的目标，觉察你的信仰和价值观。当你思考孩子现在和未来的需求时，"尽你所能了解自己"将成为一个具有指导性的主题。

我们还需要牢记一种生活的现实：变化和破坏（无论规模大小）是不可避免的。这些不确定的时刻和时期其实是一些很自然的机会，让我们可以进一步了解孩子的需求。当然，归根结底，我们希望我们的孩子有能力自己处理生活的起伏和动荡。因为随着时间的推移，我们将更多地退回到后台去。然而，孩子如何才能学会这些能力，很大程度上取决于你（孩子的父母）是如何在任何特定的场景中与他们互动的。如前所述，即使是在你认为最简单、最顺利的一天里，日常的联结及互动也会提升孩子情绪缓冲的能力，让他们为肯定会出现的更艰难、更具挑战性的时刻建立起自己的优势。

第三章

支柱一：信任他人

当我们持续不断地与孩子待在一起并告诉他们不管发生什么情况他们都可以依靠我们时，我们就会帮助孩子内化出"我是安全的"这个认知。这种安全感和"我在世界上并不孤单"的认知使孩子能在日常生活发生不确定事件和感到沮丧时保持情绪稳定，并在他们一生中遇到各种类型的困难以及痛苦的事件时支持他们。作为孩子的父母，我们有能力让孩子内心的安全感和信任感得到确认。安全感和信任感是彼此相关、齐头并进的，它们共同构建了韧性的一个重要支柱。

当我们与孩子最初的依恋关系建立（或重建）好了之后，我们就要着手逐渐强化孩子内在的安全感和信任感。这个目标在很大程度上是通过我们亲子间日常互动的整体质量和规律性来实现的，包括我们要持续不断地满足孩子对食物、住所和关爱的基本需求，要在孩子情绪起起落落时陪伴他们，要为孩子规定每日例程，要在每日例程发生变化或被外界力量扰乱时，给予孩子及时的响应以及通过口头叙事来帮助孩子理解他们身边发生的事情。

我们与孩子互动的稳定性向孩子传达了他们是被爱和被重视的这一信息，让他们知道当变化发生时，无论是好是坏，他们自己都会没事的。当孩子感到安全并信任我们时，他们就更有可能相信他们自己，更有可能自己带着好奇心去接近、探索和测试外面的世界，并建立起一种灵活且有韧性的强大的自我意识。

相反，如果没有这种内在的安全感，孩子则可能会变得焦虑和高度警惕，会每时每刻"监视"他们环境中的每一个变化。他们可能会分心和注意力不集中，会变得过于自我保护，时刻担心自己的需求将得不到满足或潜在的伤害将降临到自己的身上。当孩子没有学会信任父母时，他们会不断寻找一种安全感，而且最终可能会发展出一种以他们所缺乏的东西（而不是他们的优势）为基础的自我认知。这种自我认知又会反过来在他们的心中滋生出根深蒂固的自卑感。

每个孩子都需要一种内在的安全感，然后他们才能学会真正的自我调节，渐渐与父母分开，迈出走向独立的第一步，并在家外面的世界里建立一些新的人际关系。所有这些事情对孩子来说都是既令人兴奋（"我想待在外面"）又令人害怕的（"我不想只是我自己一个人待在外面"）。所有的孩子（无论年龄大小）都会被新奇的事物所吸引，同时他们也要对抗自己对未知事物的恐惧。孩子会在对安全的需求和对外面世界的渴望之间来回推拉，这正是你的包容和锚定如此重要的原因。

通常，当面对尝试新事物的愿望时，孩子会经历一种情绪上的冲突：前进的兴奋（例如，参加军乐队，爬更高的攀爬架，或者第一次自己走路上学）及焦虑。当你帮助孩子稳定下来并陪伴他们一起面对那些担忧、恐惧或者疑虑时，你就是在向孩子表明：他们并不孤单，你会在那里支持他们，他们可以依靠你来度过艰难的时刻或者更长的压力时期。同时，你也在向孩子表明：他们可以拥有这些强烈的情绪，并且，他们一定会安然度过这些情绪的。

父母主要是通过有规律的、无微不至的陪伴照顾和保持一致性的方法来帮助孩子建立和强化安全感。无微不至照顾孩子的家长会把孩子的需求牢记在脑子里。他们会有规律地（不是 24 小时中的每分每秒）与孩子进行物理和情绪联结。保持随时随地都待在孩子身边并不总是那么容易。我们都是忙忙碌碌的人，我们有很多相互竞争的优先事项，我们也会感到压力、沮丧和疲惫。毕竟，我们也是人。

好消息是，当孩子被一种整体上充满了爱与安全的关系所锚定时，他们就会变得灵活和宽容。当父母尽其所能保持对孩子的细心照顾、关心孩子并随时回应、满足孩子的需求时，他们就会使孩子相信父母是可靠的、值得信赖的，而且父母大多数时候都能满足自己的需求。最终，孩子对父母的信任会被内化，继而使他们学会信任自己。这种信任会变成一种韧性的基础资源，即：相信自己能够处理好生活中的变化和不确定性。

对孩子及时响应且周到细致

当父母预测并回应孩子的需求时，父母会向孩子发出一条意义深远的信息："我看得到你，我听得到你，我在这里陪你，你是安全的。"当孩子在不同的情况下一次又一次地收到这条信息时，这条信息就成了他们可以讲给自己听的故事的一部分：

"我没事。"

"妈妈什么都知道。"

"我并不孤单。"

"爸爸在乎我。"

"我是被爱的。"

父母在整体上的一致性和对孩子的及时响应，不仅有助于儿童学会信任父母，而且会让他们学会信任自己和其他人。信任是内在安全感的副产品。当然，这种内在的安全感和信任感不会在一夜之间形成，它需要通过长时间的每日亲子互动来建立，并在孩子多年的成长过程中通过父母和孩子之间无穷多的互动交流来强化。你和孩子的关系是建立在这一基础上的。它时好时坏，其间可能会中断、会断开，然后，会重启、会修复，会让你们重新走到一起并让孩子恢复内心的安全感和平衡感。我们不必对亲子联结的断开感到过度恐慌。正如我之前所提到的，虽然我们的孩子天生就知道如何适应不断变化的环境，但是，当我们在这种时候强化孩子的安全感时，我们就强化了那些韧性因素，让它们在我们孩子的心中扎下根来。

"对孩子及时响应且周到细致"这一点看起来平淡无奇，但却很值得仔细解读，因为无论你的孩子是三岁还是十五岁，当你尝试指导他们时，都会觉得很棘手。细致周到意味着你要：

- 暗示孩子正在经历某种情绪并反馈你对此的理解。
- 接受孩子的情绪而不是试图改变或忽视孩子的情绪。

- 通过让他们知道你在他们身边来回应孩子的非言语暗示：
  "发生什么事了吗？""你好吗？"
- 不加评判地倾听和回应孩子。
- 用同理心对待孩子的经历或情绪并和孩子一起对那些经历
  或情绪加以确认。

保持细致周到也意味着你要通过时刻保持自我觉察来控制自己的情绪，这样你才能在需要指导孩子的时候管理好自己的情绪。随着孩子年龄的增长，你也许会发现一些自己的经历和经验值得与年龄较大的孩子、青少年或年轻人分享。

依靠每日例程

数不清的育儿书籍（斯波克博士的著作，T. 贝里·布拉泽尔的著作和佩内洛普·利奇的著作，等等）都表明了每日例程能够帮助父母和孩子双方都过上有节奏、有规律的生活，能够帮助婴儿和幼儿设定自己的生物钟并让父母在早期育儿期间（对体力要求较高时）及时得到必需的休息。

当我们的孩子还是小婴儿时，我们大多数人都会严格执行每日例程，因为对于安排我们自己的白天和黑夜来说，什么时候给孩子喂食、什么时候给孩子换尿布以及什么时候哄孩子睡觉这些事情都是至关重要的。我们倾向于将每日例程看作是我们为"五岁以下儿童"设定的时间表。其实不然。每日例程对所有年龄段的儿童以及成年人来说都是非常重要的。每日例程能够提供稳定感，让我们可以更"自动化地"度过一天，以便释放出更多的精力专注于我们的人生目标或放松身心获得更多的生活乐趣和享受。

每日例程不仅有助于使我们每天的生活过得有条理，也是我们在生活发生动荡和不确定时期的锚点。因此，当生活中发生了重大的事件时，我们首先需要安排落实的就是每日例程。在 2020 年新冠疫情的初期是这样，当你搬进一所新房子或者一座新城市是这样，当全家逃离洪水、火灾或地震时是这样，当所爱的人去世时也是这样。

回首 2020 年，你可能还记得当许多人被困在家里时，心理学家们曾源源不断地提醒大家要建立每日例程。因为参照每日例程按时去工作、学习、用餐和睡眠能帮助我们轻松地度过一天。那时，我们不得不创造新的方式来安排我们的白天和黑夜，重新规定什么时候吃饭、什么时候上课和做作业或居家办公。当我们感觉自己对周围的一切都失去了控制时，这些每日例程会让我们觉得自己还能控制一些什么。

再举一个例子。2001 年纽约世界贸易中心被袭击的事件发生之后，我与其他人共同领导了一个研究项目。该项目的研究对象是那些幸存者家庭中直接目睹了这场悲剧的儿童。

这些家庭都反馈说，在全家人逃离到了安全的地带之后，他们所做的对家人特别是对孩子最有帮助的事情就是建立了新的每日例程。他们找到了一个新的公园或游乐场，让他们的孩子可以像过去经常做的那样出去玩。即使全家不得不与朋友或亲戚一起住在临时的场所，他们也为孩子规定了睡前必须要做的事情。他们给孩子买他们过去常吃的、熟悉的食物。他们想在孩子受到惊吓的时候提供安慰，而用孩子熟悉的东西来制定新的每日例程起到了很大的作用。

为吃饭、睡觉和玩耍制定每日例程也确保了孩子（婴儿或儿童）的基本需求能够得到满足，而且，也给你那每天都在成长的孩子提供了机会，让他们在日复一日的重复中去学习。他们会渐渐明白自己什么时候应该起床、什么时候必须睡觉、什么时候才能吃饭。最终，他们会学习到如何在这些活动之间的时间里进行自我安慰和保持冷静。

每日例程也为增进你和孩子的亲子关系提供了机会，让你们在一天之中的固定时段进行互动与联结。它们是你指导孩子、向孩子展示你对他们的爱和关心、与孩子交谈以及倾听孩子的好时机。通过这样的方式，每日例程会随着孩子的成长而延续，变成你们亲子关系的一部分。作为有规律的、时间固定的机会，它们可以加强你和孩子之间的联结和信任，而信任是你们关系的基础。如果你的每日晨间例程或者给宝宝穿衣服的每日例程中能包括温柔地对宝宝说话、对着宝宝的眼睛微笑、玩宝宝的手指和脚趾的话，那么宝宝就会期待这种温暖的互动并积极地接受它。在这种日常的、充满爱的互动中，你也同时在向孩子传达有关安全的信息：你是被爱和被关心的。虽然这些与孩子互动的模式和每日例程是从孩子的婴儿期开始的，但这种节奏会贯穿孩子的整个成长过程，只不过方式略有不同罢了。

对儿童来说，日常生活的程式化会让他们感到熟悉、被安慰和被赋予力量。他们可以明确地知道每天睡觉之前都必须要按部就班地做完哪些事、自己可以在哪个地方做作业、什么时候需要去洗澡。而且，孩子是依赖你（孩子的父母）来建立并督促他们遵循这些每日例程的。你很可能知道这一点：如果某个例程的某个部分被打乱，那么其他部分也会被打乱。

你七岁的孩子曾经在早餐后忘记要刷牙吗？那么，他可能也曾经忘记上学时要带上书包。这种"事故"的发生是因为每日例程将我们锁定在某些行为模式中，当序列中的一个步骤被跳过或错过时，其他步骤可能会跟着被跳过或错过。

每日例程也为你提供了机会，让你可以分别了解每一个孩子以及他们各自独特的处理事情的方法和需求，并且可以让你注意到这些需求何时发生了变化。当需要减少活动渐渐进入休息时间时，女儿会有什么反应？当另一位家长哄儿子睡觉的时候，他会有什么反应？我自己的孩子们之间也存在这种差异：当孩子们在祖父母家中过夜时，其中一个孩子很容易适应环境的变化，而另一个孩子则需要严格执行每日的睡前流程，否则就无法控制自己的情绪。

每日例程揭示了有价值的信息，使我们能够评估孩子在任何一天或特定时期的表现。你在执行每日例程中的每一步（无论是让两个小学生跟着你走出家门，还是在你十四岁的孩子独自离家去上学时祝他拥有快乐的一天）时都可以关注并解读孩子向你传达的信息：你的小婴儿吃饱了吗？你五岁的孩子总是磨磨蹭蹭是因为上学总是让他难过吗？你上七年级的孩子看起来比平时更焦虑吗？你青春期的孩子以前很喜欢去乐队练习，但今天为何看起来不太愿意去？这些都是一天中值得关注的重要时刻。

随着孩子年龄的增长，坚持执行每日例程往往会变得越来越困难。但是，即使只坚持一些最基本的每日例程也仍然是很有价值的，因为这样做可以帮助孩子稳定情绪。例如，随着孩子变得更加独立，他们的日子也变得更加忙碌，导致你们可能无法每天晚上在同一时间坐在一起吃晚饭。那么就现实一点：如果全家人无法每天都一起共进晚餐的话，每周至少安排几次全家人一起进餐或者父母和某个孩子一起吃饭。

父母和孩子一起吃饭为将来孩子回家居住及保持与父母的联系提供了良好的机会。

随着孩子不断长大，每日例程会变得更像是某种仪式。每日例程是我们几乎不需要以一种有条理的方式去思考就能做到、做好的事情。仪式则是每日例程的下一步，或者说进阶。它有着更专一的意图和目标。比如，因为你想要确保自己每周都有专门的时间和你的青少年孩子在一起，所以你们开始在周末把吃早餐改为吃早午餐，你们会为这顿早午餐提前计划菜单，确定吃饭的时候播放什么音乐，然后，一起做这顿饭。这种仪式的内容远远没有聚在一起本身那么重要。它使孩子们能在熟悉的环境中获得情绪上的稳定并建立起固定的期望。当你们一起过"家庭电影之夜"时，那些神不守舍的中学生和闷闷不乐的青少年虽然会犹豫不决、推诿逃避，但他们还是会"扑通"一声坐在沙发上的。在我家，多年以来，当孩子们放学回家时，我会给他们留一份零食和一张纸条，以此作为一个联结点，帮助他们在学校生活和家庭生活之间架起一座桥梁。这样做也让孩子们知道，当我还在工作的时候，我也是一直想着他们的。孩子们"回到家后把书包放好，然后在做作业或练习弹钢琴之前看一会儿电视"的每日例程也一直保持着，而一份零食和妈妈写的纸条这个联结点则成了一种仪式。

你可以考虑在以下这些常见的时间点为你每天要做（或经常要做）的事情建立相关的每日例程：

- 早晨起床
- 穿衣服
- 吃饭
- 离开家
- 洗澡
- 睡觉
- 走出家门去上学
- 做家庭作业
- 练习乐器
- 每日或每周的体育锻炼
- 家庭娱乐之夜
- 周末家庭团聚

当你创建你自己的家庭每日例程和仪式时，一定要记得加入一些灵活性。当变化不可避免地发生时，每日例程和仪式的灵活性是必需的。需要偏离每日例程的情况可能会包括：

- 朋友们来家里聚会并留下来过夜
- 亲戚来家里拜访一个下午或者好几天
- 父母外出

- 新雇的课后保姆刚刚上岗
- 为某人庆祝生日
- 生病或者去看医生

　　在这些事情过去之后，要确保回到你们之前定好的每日例程中去，因为它们提供了可预测性并因此强化了孩子的安全感。每日例程是我们在应对变化后重回日常节奏的基础。每日例程也能让生活变得更简单，因为随着它们的逐渐内化和自动化，它们能让我们感到轻松自由，让我们变得越来越独立并感受到平静。

帮助孩子理解事件

　　你充当容器和锚点的另一种方式是帮助孩子理解及合理化他们的世界。对年幼的孩子来说，这样做的必要性是显而易见的。对年长一些的孩子来说，你所承担的这个角色也是非常关键的。孩子期待你能帮助他们了解周围发生的事情、回答他们的问题并解释事情表象背后的原因。

　　当父母外出工作时，或者当孩子的学校因新冠病毒而关闭时，他们需要我们这些家长帮助他们理解这些事件与他们日常生活之间的联系，这样他们就不会做出错误的假设。我将其称为叙事。这是我们在完成"帮助孩子在世界上感到安全"这项任务时必须要做的一件事情。没错，我们要在高压力或生活不确定的时刻让孩子们保持情绪上的稳定。

我们要很自然地叙述事件，就像在讲故事一样。当我们和婴儿聊天（我们知道婴儿并不理解我们所说的内容）时，我们会持续地向婴儿的大脑发送微小的认知信息。婴儿的大脑会接受那些滔滔不绝的、充满爱意的语气以及"儿语"[⊖]喃喃中所传达出的发自内心的亲子联结。事实上，相关研究已经表明，那些父母或看护人经常与之交谈的儿童，在开始会说话和开始会阅读时所掌握的语言技能会比其他的孩子更强。

当孩子年龄还小的时候，他们无法以一种清晰而缜密的方式去体验这种叙事，他们只是凭着自己的感觉被叙事中充满爱的语气吸引了，这是你成为孩子容器的一种重要方法。当孩子逐渐长大并在自己的感受和体验中加入了语言时，这些信息就开始形成他们内心的自我对话。研究人员将其称为"内心之声"[⊜]，它对记忆、认知、情绪调节和自我反思等能力的发展都起着重要的作用。内心之声使孩子能够理解自己

⊖ 是指儿童使用的词汇和语言，通常包括叠词、夸张的语音语调和放缓的语速。儿语是父母与幼儿交流时使用的一种特殊语言形式，旨在帮助幼儿更好地理解和模仿语言。——译者注

⊜ "内心之声"最早是俄罗斯心理学家利维·维果茨基提出的。他认为，人们在和自己交流时，脑海里会存在两种声音，一种是说出声来的自言自语，另一种是不出声的在脑海里的对话，他将后者称为"内心之声"。——译者注

并发育出他们自己的心智理论，即想象和推断他人心理状态的能力，这与同理心及关爱他人的发展有关（关于这个概念的更多内容请参见第六章）。这些理解通过孩子大脑中的"电路"被他们身体的每个细胞吸收。

你也许很难想象，我们的思想、信念和感觉确实指导着我们的每一个细胞在科学家所说的"脑－体"连接中相互沟通交流。心理学家把这种从感觉体验转变为孩子信念的过程称为内化过程，而不断重复的模式则是这一过程的关键。当父母让孩子参与这种叙事的构建时，孩子就强化了一种与韧性相关的非常重要的能力：能够区分出什么是世界上正在发生的事情、什么是他们看到并有意识地去了解的事情以及什么是他们内心发生的事情（他们内心的感受和处理过程）。他们将学会不掺杂个人情感地去理解所发生的事件，而不会得出是自己导致了该事件发生的结论。也就是说，如果没有准确的叙述，儿童可能会责怪自己，认为一定是因为他们自己做了坏事才导致了这种负面的事件或结果，从而导致他们在自己的内心感到羞耻。例如，他们可能会推论出父母生气大喊大叫、飓风使全家人颠沛流离、父母互相争吵或者某天朋友没来学校等事情在某种程度上都是自己的错。这种羞耻感会持续存在、挥之不去，甚至根植于他们的自我意识之中。当你参与叙事的构建，帮助你的孩子理解所发生的事件时，你就可以帮助他们避免这种内疚的假设以及由此产生的羞耻感。

你和孩子有规律的日常交流也很重要。一位家长分享道："当我的女儿们还小的时候，我会大声说出我们早晨或一整天的计划，以此帮助她们为即将到来的事情做好准备。我的大女儿尤其需要这类事先提醒，她不喜欢惊喜。我的小女儿比她的姐姐更容易从一件事情转到另一件事情。对她来说，立即从家里去到车里没什么大不了的。但是她的姐姐，即使已经十几岁了，却还需要我至少提前给个暗示才行。比如，我得提前对她说'五分钟后我们必须要上车了'这样的话。"这种直截了当的谈话有助于向孩子解释已经发生了什么以及将会发生什么，其原因有很多，比如：像上述的例子中提到的那样让孩子做好准备；让孩子将自己已经知道的或还不知道的事情，与这些事情所产生的影响联系起来；帮助孩子开始理解他们周边的环境以及他们在这个环境中所处的位置。这种对正在发生的事情的了解也有助于让孩子感到安全。你也许已经在每日发生的事件和变化中做过这种沟通。比如，你可能说过："我今天在学校听到一个新的活动，如果你想学习演奏乐器的话，我就给你报上名。"或者"我今天回家很晚，没法在家吃晚饭了。我希望你的数学演讲进展顺利。我期待以后能听你给我讲讲。"

以下这些对事件的简单解释是根据孩子的不同年龄提供

的，它们带有足够的信息量，能让孩子感到安全并增强他们对你的信任：

- "外面在下雨，所以我们需要带把伞。"
- "校车晚点了，所以我只能开车送你去学校了。"
- "你可能不高兴，但你的朋友不得不取消今天下午和你一起玩的活动。我们改天再约他一起玩吧。"
- "今天会和以前不一样，因为我不能去奶奶家接你，爸爸今天会去接你。我会在晚饭时见到你。"
- "你也许听到了人们在谈论今天发生了一些糟糕的事情，有很多人受伤了。我想知道你听到了什么，我也会告诉你我知道些什么。"
- "今天网络上传播了一封关于你们学校高中生的电子邮件。我希望听听你对这件事是怎么想的，我也会和你分享我掌握的信息。这虽然不是任何人的错，但却非常令人心烦。"
- "你记得我告诉过你的那个病毒吗？医生们正在努力弄清楚它是怎样传播的。在我们明确了解这个病毒之前，我们希望保证自己的安全，我们会戴上口罩。你会看到学校里所有的孩子和老师都会戴上口罩。我会帮助你慢慢习惯这件事的。"

在压力增大和发生重大变故（如婚姻和家庭关系日渐紧张、举家搬迁或发生其他的居所变化、某位家长离家外出工作或生病或受伤，等等）时，无论这些压力和变故是持续存在的还是突然发生的，与儿童生活有关的叙事会变得更加重要。这些叙述性的解释传达出了这样的信息：孩子可以指望你来让他们知道正在发生的事情，尤其是当现实很难被了解、不容易被理解或者其中有些事情可能会让他们感到不安的时候。什么都不说或对信息保密会损害孩子对你的信任，进而破坏他们对自己的信任。孩子感觉有些事情正在发生，但他们却不知道那是什么，而且没有一个值得信赖的成年人向他们口头谈起那只"房间里的大象"。这样的情况可能会导致孩子情绪上的不稳定。

露西亚就是一个很好的例子。她的父母是罗恩和玛丽莎。他们有四个孩子，九岁的露西亚是其中之一。罗恩和玛丽莎来见我是因为他们对露西亚的过于安静以及越来越严重的孤僻行为感到担心。没错，当时是在新冠疫情防控期间。那时，虽然孩子们都在家里上网课，但罗恩和玛丽莎觉得露西亚在此之前处理得很好。她那时在网上与朋友的社交甚至变得更加频繁了。我和露西亚的父母共同探讨了这种行为和情绪变化的潜在原因，但我却无法从中找出任何看起来异样或对露西亚有影响的东西。然后我问露西亚的父母他们自己在此期间过得怎么样。毕竟，新冠疫情防控已经持续好几个月了，我们大多数人都感到压力很大，动荡不安。

罗恩曾经被解雇了几个月，现在又回去工作了。他们家里很缺钱。玛丽莎一边在家工作，一边照看着三个上网课的孩子和一个婴儿。他们的生活很不容易，他们说自己压力很大，这很容易理解。我问他们是否曾经当着孩子们的面争论或者吵架。他们告诉我他们"只在另一个房间里争吵，远离孩子们"，而且两人都十分确定地认为孩子们从未听到过他们对彼此发火。

我花了不少时间才帮助罗恩和玛丽莎明白露西亚很可能听到了他们的争吵。正如他们所描述的那样，露西亚是他们四个孩子当中最有责任心的一个。事实上，露西亚很可能会感到担心，因为她感觉到了父母关系的紧张。她可能听到过父母的争吵，但父母二人却没有任何一个公开谈论过这件事。未说出口的事情对孩子来说是很可怕的。

我建议罗恩和玛丽莎对露西亚和其他三个孩子谈谈家里的情况和父母之间的分歧，让露西亚知道爸爸妈妈没有一直和平相处并不是她的错。他们应该对孩子们做出解释，告诉他们父母有时会吵架，是因为每个人都待在家里这件事很困难，给爸爸找一份新工作也很困难，所以有时就连爸爸妈妈也会很苦恼。我建议他们也告诉露西亚，妈妈和爸爸仍然彼此相爱，就算妈妈和爸爸吵架了，也会一直照顾孩子们的。

当罗恩和玛丽莎向孩子们传达以上这些信息时，露西亚明显松了一口气。她插话说，爸爸妈妈吵架就像她和她最好的朋友吵架一样。她们说不想再和对方在一起了，但后来她们都意识到自己真的非常想成为对方的朋友，然后她们就一起想出了一个停止争吵的计划。

"是的，"露西亚的爸爸说，"这很相似。即使两个人彼此相爱，我们仍然会有相处不融洽的时候。"

这里我想说的重点是：不去谈论家庭中的问题或那些影响你孩子的事件会让他们感到担心，甚至会让他们感到害怕。他们会想知道为什么没有人谈论这件事（是不是很糟糕，以至于没有人肯说哪怕一个字）；或者他们可能会对自己的感受和体验感到不确定，比如，当家里出现无法解释的紧张情绪时；或者当人们对一件世界上的大事发出小声的抱怨时，因为不能体察到真实的境况，他们可能会表现出攻击性或者情绪崩溃。孩子的行为表明他们知道有些事情出了问题。同样，孩子也会经常责备自己，比如，"我知道有什么地方不对，肯定是我之前做了什么坏事才这样的"。孩子的这种想法很可能会变成"我是个坏人"。这就会让他们产生一种羞耻感。家长应该针对所发生的事件或变化给出适合孩子年龄段的恰当的解释并允许孩子进行提问，而不是对所发生的事件或变化视而不见、避而不谈，让孩子认为之所以会发生那些事件或变化是因为自己做错了什么。父母为孩子提供适当的叙事将会使孩子得到极大的解脱。适当的叙事能让孩子有一种"哦，这就是正在发生的事情。现在我知道了，虽然我并不喜欢它"的感觉，同时，适当的叙事也能再次提醒孩子，父母会在他们的身边照顾他们。

另一个例子发生在我最小的儿子上中学的时候。有一天，他和他的一群朋友约好在我们家集合然后一起去玩"不给糖就捣蛋"的游戏。当天早些时候，在离我们住的地方不远的一条人迹罕至的自行车道上发生了一起可怕的袭击事件。我心里反复权衡是否应该对儿子和他的朋友提起这件事。我不确定他们是否已经知道了这件事，说句老实话，我希望他们还不知道，这样他们就可以无忧无虑地去玩"不给糖就捣蛋"的游戏了。在儿子和他的朋友们高高兴兴地为一起外出游戏而打扮自己的时间里，我一直在旁边看着他们，我们讨论了他们只能去哪里和什么时候必须回家的规则。当孩子们走出我家大门时，我儿子转过身来看向我，脱口而出："妈妈，今天发生了什么不好的事吗？"

我问儿子他知道了些什么。

儿子重复了他的问题，然后说："你直接告诉我吧。"

我确认了他的猜测,告诉他当天的确是发生了一些不好的事情。

"有人受伤了吗?"儿子问。

我回答说:"是的。"但我没有说有人被杀害了(因为儿子没有那样问)。然后我向他保证,我们家所处的地区没有危险,他仍然可以和他的朋友出去玩。于是,儿子和他的朋友们开开心心地离开了。我当时已经回答了儿子的问题,而且,之后我还花时间思考了晚些时候该怎么跟儿子说。我该怎样去叙事呢?我想既说实话又不会吓到孩子。

后来孩子们回来了。他们兴奋地把各自要来的糖果进行分类、互相交换糖果和吃糖果。然后,朋友们走了。这时已经很晚了,家里也很安静。儿子对我说:"请告诉我今天到底发生了什么吧。"

考虑到已经到了该上床睡觉的时间,我不得不快速思考我想要和我这位即将进入青春期的孩子分享什么。当我们要提供一个既真实又适合孩子年龄的诚实的叙事时,考虑孩子的年龄、发育水平和性格气质是非常重要的。我用一些事实解释了当天早些时候发生的袭击事件和当时的形势。儿子问了两个问题:在哪里发生的?有人死了吗?早上的时候,儿子还没有准备好问这个问题(他出去是为了好玩,而且,这是他关注的重点)。我证实的确有人死亡,而且还有其他人受伤。我还让儿子知道，肇事者已经被抓获了，其余的人不会再受到他的伤害了。我可以看出儿子获得了安慰。即使发生的事情很糟糕，他仍然感受到了一种安全感。接着，儿子意识到这是一条我们曾经骑自行车走过的路，我们讨论了自己居然知道这个地方而且还去过是有多么的可怕。我还告诉儿子，这条路被暂时关闭了。当公园和市政官员重新开放这条路时，它会被修建好，让人们可以再次安全地在这条路上骑行。我告诉了他所有我知道的信息。

我做到了通过回答儿子的问题来帮助他建立起对那个事件的叙事。我诚实对待他，并且没有给他提供超出我当时认为他可以处理得了的任何信息。考虑孩子在那一刻需要什么并给他提供安全感（例如"肇事者被抓住了"）是非常关键的。我们要提醒孩子有人在努力为他们提供安全保障。我给儿子提供了足够多的信息，让他知道发生了什么，并帮助他理解接下来几天他会在学校里听到些什么。我也知道自己必须对儿子可能提出更多问题这件事保持开放的态度，这些问题经常会被孩子随机地提出，并且会在我们意想不到的时间被提出。当坏事发生在你的社区或你的家庭以及更广泛的世界时，情况确实如此。

忙碌的成年人很容易忘记的是：所有年龄段的孩子都不

一定了解事物是如何组合在一起的，也不一定了解他们周围
发生的一些事情。然而，当我们作为孩子的父母，成为一个
可靠的、稳定的信息源时，我们就会锚定并容纳他们的体验。
锚定的作用来源于我们对自己情绪的管理以及给予孩子能帮
助他们感到安全的解释。容器的作用来源于我们倾听孩子的
担忧、留意他们的感受、为他们提供额外的关注、花时间与
他们待在一起以及抚慰他们的身体并拥抱他们。所有这些都
是为了帮助孩子理解世界，使他们不必因为令人担忧的、可
怕的情况或感受而不知所措，并给他们提供一个安全的空间
来处理他们的各种感受。

重置和修复

当生活发生变化时，叙事是将其重置为原状的过程之一。
当你和孩子之间的联结断开时，叙事是修复亲子关系的过程
之一。每日例程及其规律的可预测性为你和孩子之间的每日
互动和活动提供了一条安全的基线。然而，每日例程并不总
是能按部就班、一丝不苟地被执行。这其实并无大碍。因为
偶尔的"不一致"可以变成一个机会，让你和孩子建立起更
牢固的关系。

同样，每日例程的中断与亲子联结的断开很类似，它
们都是自然地发生并可被预测的。维持有爱且有安全感的亲

子关系的一个重要因素就是：当你们的每日例程被中断或者你和孩子之间发生了冲突或误解（可能会比你想象的次数要多得多）时，你知道如何重新与孩子联结。让我们回想一下之前关于"足够好"的养育方式的讨论吧：完美不是一种健康的目标。那些让你和孩子断开联结的事件、被扰乱的每日例程、引起你和孩子冲突或让你们感到沮丧的所有事情都不重要，重要的是如何修复你们的亲子关系，在你和孩子之间重新建立起联结。而这一切，是要靠你（孩子的父母）来发起的。

　　当我提到每日例程被扰乱或者导致孩子难过沮丧／情绪不稳定的生活变化时，我会使用"中断"一词。当你与孩子的亲子关系出现了裂痕（或小或大，包括冲突、误解或沟通不畅），你们之间的信任纽带被切断或受到考验且需要被修复时，我会使用"断开"一词。"中断"和"断开"会以各种不同的形式和强度出现，且与孩子年龄大小无关。以下是一些示例：

- 你女儿最喜欢的八年级老师（她总是说："这是我唯一真正喜欢的老师！"）将因为休产假而需要离开学校一段时间。当你和她讨论谁来顶替那位老师比较好时，她会一直跟你抬杠。

- 家庭周末聚会的计划突然改到了下个周末。因为你被公司临时指派做一项重要的工作，所以本周末你必须要去上班，无法组织家庭聚会。住在郊区的表兄弟姐妹们因此就无法按照原计划在本周末进城来了。你八岁的孩子因此大声尖叫说你是最糟糕的家长并且责问你为什么"总是必须去上班"。

- 孩子的爸爸通常都会按照你们的就寝流程哄你那四岁的孩子睡觉，但是今晚他因故无法做到了。尤其是，他在本周早些时候也一直很忙，没有时间多陪孩子。孩子因此大发脾气，闹得家里天翻地覆。

- 你因为孩子不听话或拖延就寝时间而对他大喊大叫；你在知道事情的全貌和真相之前指责孩子对你撒谎；你厌倦了孩子一直顶嘴而对他进行羞辱；或者你上小学三年级的孩子对什么事情发牢骚时你心不在焉地忽视了他，最后他对你大喊大叫，让你认真听他说话，而你却对此厌烦至极。

以上这样的情况提醒我们，有些事情对我们来说微不足道或不太重要，因为我们有一个合理的补救措施，比如，"爸爸明天会哄宝宝睡觉""表亲们下个周末就会来了"。不过，这样的事情虽然对你来说不值一提，但却很有可能会让孩子感到心烦意乱。压力时刻会导致孩子做出过激的反应，而任何常规的改变都有可能带来这种压力时刻，这又再次凸显了我们陪伴在孩子身边，帮助孩子调节情绪的好处。即使孩子知道事情变化的原因，他们仍然有可能变得慌乱、愤怒或孤僻。他们情绪的转变表明他们对生活中的这种变化感到不舒服。此时，你们的亲子关系会再次成为他们的容器和锚点。你可以利用这个机会来允许孩子拥有并发泄自己的情绪（作为容器），并向他们保证一切都会没事的（作为锚点）。即使这种干扰是暂时的，儿童仍然会感到自己越来越脆弱，这种脆弱感需要被确认和安抚，以帮助他们再次感到稳定和安全。

请记住，孩子指望着你（孩子的父母）来帮助他们适应环境的变化。你如何叙事是非常重要的。比如，你应该这样向孩子解释计划改变的原因或者向他们保证常规虽然被打破了，但变化并不是永久性的："你的老师只是今天不在，明天她就会回来了。"或者："等爷爷走了之后，你就又可以回你自己的房间去睡觉了。"明确的解释对孩子是有好处的，他们因此而不会再以自责或其他有害的方式去联想了。这种解释包括：

- 解释中断的原因。

  "我确实说过我会亲自参加你们中学的活动。不过，我不得不工作到很晚，所以我觉得最好是让妈妈替我去。我知道你有多难过，而且我也知道这是一个多么重要的活动。我很抱歉，这全是我的错。"

- 修复断开的联结。

"妈妈和我有时会因为意见不一致而争论，今天就是。我们俩都很生气，都大声喊叫了，我还冲你大喊大叫来着。那不是你的错。我和妈妈不应该那样大喊大叫。我和妈妈之间的矛盾已经解决了。我们仍然爱对方，我们也都爱你。不过，我知道，我们可能吓着你了。我很抱歉我们当时火气那么大，也很抱歉我曾冲着你大喊大叫。我们以后一定会努力与对方更好地相处。"

当某个事件的真相被识别出来并得到确认时，孩子会使用你给他们提供的叙事线索和提示先将自己安定下来然后再继续往前走，即使他们可能会多需要一些的时间。对中断的解释和对关系的修复都是一种释放和解脱，因为它们提醒我们发生了意外，同时也提醒我们亲子之间的联结是可以被修复的。

让我们来看另一个如何处理孩子每日例程被中断的例子。假设你的孩子被某位幼儿园老师指定做某天的"日历小助手"[⊖]。

⊖ 在美国幼儿园中，老师会指定班上的某位小朋友做当天或一段时间的"日历小助手"。这个角色的职责是时间管理员和天气播报员。一是要负责与日历相关的事务，包括更新当天的日期、星期几及月份等信息，二是要观察当天的天气状况并向全班小朋友报告，比如晴天、阴天、下雨天、下雪天等。此外，还要在一些特殊的日子和活动中发挥提醒的作用，比如在即将有节日庆祝、生日派对或户外活动时提前告知其他小朋友做好准备。——译者注

在那一天孩子上学前，你收到了一封电子邮件，说那位老师今天会外出，不在幼儿园。当你把这种变化传达给你的孩子时，他立刻安静了下来，明显表现出很失望。接下来，你也许可以猜到，孩子坐在地板上，拒绝穿上靴子或夹克去上学。你那平时性格随和的五岁孩子怎么了？原本，他在执行"穿好衣服和鞋子去上幼儿园"的每日例程时很兴奋，但是这份兴奋被老师将要外出的消息打断了。这个时候，你可以用开放的心态接纳孩子的失望并向孩子保证他一定会再次当上"日历小助手"。你的安慰和保证足以让孩子走出家门，踏上他的滑板车，然后一路滑到幼儿园。你为孩子做了这样的叙事后，他可能仍然会感到失望。然而，在你承认孩子的体验和情绪时，你就给孩子提供了支持以及继续前行和自我调整情绪的空间——这才是重置和修复的精华所在。

当你发起关系修复时，你就是在教孩子与人际关系相关的宝贵的一课：人际关系不是非此即彼、要么全有要么全无的事情。仅仅因为你们两个人之间有分歧、其中一方伤害了另一方的感情或者互相都说了一些伤害对方的话语，并不意味着你们两人之间的关系就结束了。当你花时间修复关系时，你就向孩子传达了这样的信息：在任何情况下（包括这些消极的、有时甚至是非常艰难或者具有破坏性的时刻）你都爱他。孩子将从中学习到：即使关系中的某人或两个人都犯了错误并感受到了强烈的情绪，关系的修复和联结的重建仍然是有可能的。这些认知会让孩子动荡的情绪回归平静，并且帮助他们增加对你及你们两个人之间的亲子关系的信任。这种沟通也是帮助孩子感到安全和保持情绪稳定的重要组成部分。它支持孩子去学习在应对将要发生的事故时不要对自己太过苛刻。它是生活、人际关系、成长及与他人共同学习的一部分。

满足你的孩子对安全的基本需求可以使他们能够培养并不断强化内心的稳定感和信任感。这样，即使有什么变化发生在他们身上或他们周围，他们也会泰然处之，而不会感到孤单无助。

在孩子的成长过程中，孩子会依靠我们家长向他们表明他们可以信任我们，从而使他们内心的安全感得以强化。每次我们与孩子重归于好并努力真诚地重新建立与他们的联结时，这种信任都会得到加强。相应地，孩子也因此学会信任他们自己，并且因此知道：无论是在我们与他们的关系中还是在他们个人的生活中，每当发生任何类型或程度的中断或变化时，他们都将能够回归安全并且一定会安然无恙的。

在危机时期，想要成为我们孩子的锚和容器可能会很困难。

在一个案例中，一家人在母亲上班、父亲带着他们两岁和五岁的孩子去露营时被分开了。在父子三人露营的过程中，爆发了一场野火。父亲和两个孩子不得不开车穿过一片火海才得以逃生。

当时，这位父亲感到压力很大并想要保持冷静。他一直注视着前方的道路，竭尽全力保持着镇定。可以理解，他非常害怕，而且心中只有一个目标：把家人带到安全的地方。我问他是如何在这段可怕的行车途中保持冷静的。他告诉我，虽然他自己知道他们处于极度的危险之中，但他想让孩子们感到安全。所以他在车里播放了儿歌，孩子们于是跟着一起唱起来。当他的儿子注意到火焰的颜色时，他们就开始唱与颜色有关的歌曲。然后，爸爸建议他们唱与下雨有关的歌，希望雨水能扑灭大火。"在整个过程中，我只是努力保持冷静，眼睛盯着前方，专注于让我们逃离火场。"

一周之后，当我再次与这家人取得联系时，这位父亲仍然处于极度的恐惧之中。他当时很清楚他们所处的巨大危险，所以直到现在他还每天都在做噩梦。虽然这位父亲为他自己寻求了心理援助，但他的孩子们却已经回到学校和幼儿园上课了。而且，据他所知，孩子们丝毫没有受到任何负面的影响。我问这位父亲孩子们是否会说起那天的经历以及他们说起那天的经历时有何表现。这位父亲告诉我，孩子们曾经说起过"和爸爸一起在车里唱歌"。

这位父亲和我都很清楚，正是因为他具有在自己感到恐惧的时候将孩子的恐惧尽量降低的能力，所以孩子才对他们当时所处的危险有多严重知之甚少。

那么，我们如何才能更好地帮助我们的孩子培养出这种内在的意识，让他们即使在生活不确定或发生危机的时候也能泰然处之呢？即使是在我们自己感到不安全的时候，我们也想让孩子知道他们并不孤单（因为我们会与他们待在一起），而且还想让孩子感到安心（知道自己很安全并且会得到我们的照顾）。我们希望即使我们不在孩子的身边，他们也可以随身携带着这种稳定的感觉。家长可以做到这一点的方法之一是提醒孩子之前一家人曾经一起度过了哪些困难的时期。这些清晰明确的提醒能让孩子动荡的情绪回归平静，并帮助他们建立起韧性的贮备库。同时，家长要尽自己所能，想办法将孩子承受的压力减到最小。

"你"因素

想要在孩子情绪崩溃、行为粗鲁或没有能力听懂我们的指令时保持情绪稳定是相当不容易的。能够帮助我们管理好自己对孩子做出的反应的方法是时刻提醒自己：孩子不是迷你款的成年人，绝对不是，即便他们到了青春期，他们也不是小号的成年人。我反复强调这一点是因为有时我们对孩子的期望与他们当时的能力并不匹配。我们可能会要求孩子去处理他们尚未做好准备去处理或者尚未有足够的能力去处理的事，然后，他们的力不从心又会让我们感到十分震惊。举例来说，当你把孩子送到生日派对现场然后转身离开留他一个人在那里时，当孩子初次尝试一项新运动或要在诗词大会上朗诵诗歌时，也许你认为他都能自己处理好、完成好。因此，当他们拒绝你的要求或以其他方式向你表明他们做不到时，你就会感到大失所望、不知所措，甚至心烦意乱。同样，当孩子发脾气时（尤其是如果他们没有按照我们的指示冷静下来的话），我们可能会自己先感到沮丧。我们可能会非常生气并从孩子的身边走开。而此时，正是孩子需要我们支持的时候。

举个例子吧。

我家几个孩子都已经是青少年了。有一天傍晚，其中一个孩子怒气冲冲地走进厨房，带着明显的懊恼对着我大喊大叫。他的措辞强烈而生硬，比如："你说你今天会把全家的衣服洗好，但我没有看到我想穿的那条裤子！你为什么没洗衣服却说洗好了？我本来可以自己洗的！"他怒不可遏，雷霆大发。

我是否应该责令他改变自己的态度并且对他加以惩罚呢？是否应该因为他说话的方式恶劣而大声训斥他呢？当时的真实情况是，我被他那一刻的愤怒和语气吓了一大跳，感觉他的行为就像是对我的一种攻击。虽然他感到生气这件事很明显，但是我不喜欢被他那样对待，而且，我不知道是什么原因导致了他那样做。我让自己深呼吸并保持情绪稳定（我经常使用诸如"不要将此视为人身攻击，做个成年人，不要跟对方一般见识"之类的咒语来自我调节），不要去做防御为自己辩解，也不要做出猛烈的回击。我还尝试着将这场闹剧的各个部分进行分解：他可以生气，但是他不能用那样的方式对我说话。我很清楚不能把我孩子的情绪反应当成是针对我的人身攻击。如果我忙于自我防御，那我就无法帮助孩子进行情绪调节了，因此我必须努力保持自己的情绪稳定。

我直视着孩子，平静而坚定地说："你很生气。不过我建议你先出去再进来，试试以一种新的方式再说一遍你的需求。"我说这句话的时候带着一点幽默的语气，以表达出我其实并没有把他的行为当成是针对我的人身攻击，但同时我也想让他知道，我不会回应这种类型的要求。在表现出对倾听他的需求持开放态度的同时，我也为此设定了一种限制。

令我感到惊讶和高兴的是，我看到儿子的肩膀放松了，然后他转身走了出去。过了一会儿，他带着不易被察觉的微笑回来了，对我说："妈妈，我需要我的衣服。我可以去把衣服都洗了。"

说完，他慢悠悠地离开厨房向洗衣房走去。没有感到羞耻，也没有感到自己受了责备。又过了一会儿，他回到厨房来向我道了歉（你永远不知道孩子什么时候会道歉，但他们的确是会这么做的）。他承认自己对学校的功课感到烦躁，而且，当他想要穿那条他最喜欢的裤子时却没找到，这些事情把他推过了沮丧的边界线。我们嘲笑了他第一次对我提出要求的样子，也嘲笑了他第二次提出同样要求时的样子。

这里的重点是，我们自己心里越是轻松并且越能意识到我们自己对情绪稳定的需求，我们就越有能力帮助我们的孩子学会处理令人感到紧张的境况。在这个例子中，我认可了儿子的愤怒，但我也设定了我自己的边界，这为修复亲子关系及重新与孩子联结奠定了基础。通过深呼吸并首先专注于自己的反应，我能够以合理的限度而不是惩罚来对孩子做出回应。我儿子能够做到离开现场、重新组织自己的想法然后带着更轻松的态度和道歉返回。那场小小的"灾难"被我们抛掷于脑后，我们再次积极地联结了彼此，我们可以继续前进了。

需要反思的问题

当你思考如何才能更好地在与孩子的亲子关系中注入和强化安全感时，请问自己以下这些问题：

- 你了解孩子的基本需求吗？你会如何去做以满足孩子的这些需求呢？

- 有什么事情在妨碍你了解孩子的需求吗？

- 你制定了哪些家庭作息常规来锚定每日例程呢？

- 当孩子因为家庭作息常规被改变而感到生气、难过时，你是如何做出回应的呢？

- 在不断变化的环境中，你怎样才能倾听每个孩子的不同需求呢？

- 当你自己还是个小孩子并且需要支持的时候，是谁帮助了你，让你感到安全的呢？那种感觉又是怎样的呢？

- 你自己过去的经历是不是有可能影响或决定着你对某种境况的看法以及你回应孩子的方式呢?

- 你是否能意识到自己在压力时刻的反应? 你怎样才能使自己的需求得到满足以便有能力帮助你的孩子?

- 你是不是可以做些什么来认识、理解你自己的反应?

- 当孩子陷入困境、感到苦恼时,他会带给你什么样的感受?

第四章
支柱二：自我调控

我们应该帮助孩子管理他们情绪体验的强度并理解孩子各种各样的感受，这是帮助孩子学习自我调控的支柱。孩子通过这样的过程逐渐学会适应变化、失望、失败，以及各种变化对其生活现状的打断。孩子越快或越容易恢复内心的平衡，他们处理压力、适应压力和继续前进的能力就越强。而且，当我们帮助孩子建立起这些自我情绪调节的技能时，他们就更有能力去消解压力源、应对不断变化的环境并保持情绪稳定和正常生活。

你可能会觉得你的孩子感到悲伤、不安或生气都是不好的事情，而保护孩子免受此类情绪的影响是你作为父母的本职工作。我在这里要明确地告诉你，事实恰恰相反。强烈的情绪（尤其是消极的情绪）不仅是自然的，而且是成为一个适应性良好的人所必需的。回避、忽视或掩盖孩子的这些情绪只会迫使它们在孩子的内心不断增强，从而给孩子造成痛苦。这样做会阻断孩子的发展或者干扰他们的个人成长。与此相反，当孩子们学会识别、感受、接受和管理自己的情绪时，他们也就学会了另一项重要的韧性技能：如何自我调节。

善解人意的父母可以教孩子关注自己的"大脑－身体"系统，让孩子能够与自己的内在情绪唤醒以及随之而来的情绪体验建立起更多的联结。父母与孩子之间的许多互动可以很自然地做到这一点，尤其是在孩子发脾气的时候。在父母的帮助（充当孩子情感体验的容器以及安全一致的锚点）下，孩子们将有能力识别和处理自己的积极情绪与消极情绪，而不会被这些情绪的强度所干扰，导致做出某些出格的行为。

当孩子的父母允许孩子体验各种各样的情绪而不责骂或嘲笑他们时，孩子就学会了接受自己的情绪，不会为自己产生这样的情绪而感到羞耻。帮助孩子感到被理解和被支持才是我们为人父母的本职工作。当我们这样做了之后，孩子就学会了如何理解自己负面的或复杂的情绪，并且即使是在生活发生了不确定事件的时期，他们也能管理好那些情绪。此

外，父母对孩子表现出的理解（即使是在很有挑战性的时候
父母也能理解孩子）也为孩子树立了榜样，让孩子可以从父
母身上学到如何对待自己以及他人。孩子首先要体验到自己
能够被理解、被善意且不加评判地合理对待（尤其是在他们
感到最艰难的时刻），然后才能学会将同理心和爱心扩展应用
到其他人的身上。

请记住，这些自我调控技能的发展和掌握的方式及速度
存在很大的个体差异。孩子并不会到了某个固定的时间就自
然发育出这些技能，家长也没有一种万能的方法来教会孩子
如何管理他们的情绪和行为。此外，同一个家庭或家族中的
孩子在发展自我调控技能的方式上也会各有不同。这可能会
使你们的生活变得更加复杂，因为你必须专注于了解每个孩
子独特的方式和反应。当你刚刚觉得某个孩子正在慢慢好转
而你可以稍稍退后时，其他孩子很可能马上就会让你知道他
们需要你更多的帮助和关心。

协助孩子调节情绪：需要两个人一起做

"做孩子的锚点和容器"意味着父母要帮助孩子、与孩子
一起共同调节他们的"大脑-身体"系统。婴儿或幼儿会直
接依靠父母来帮助他们平静、舒缓及降低他们的情绪唤醒强
度。请看右图：

创伤反应的多层迷走神经理论

保护生理学

运动生理学

健康、成长与恢复

自我封闭/崩溃
- 精神分裂
- 自杀倾向
- 羞耻
- 抑郁
- 绝望
- 感觉自己被困住
- 消失不见
- 无助
- 困惑/定向障碍
- 退出活动
- 应付差事

冻结
- 僵化
- 难以承受
- 拖延
- 与他人竞争的冲动

逃跑（朝目标反向移动）
- 恐惧
- 害怕
- 焦虑
- 忧虑与担忧

战斗（朝目标方向移动）
- 愤怒
- 生气
- 恼火
- 挫折感

警觉

社交参与
- 富有同情心
- 与他人联结时保持冷静
- 好奇心/开放性心态
- 情绪稳定
- 正念/活在当下

"活化反应"　"低活反应"

神经唤起

脱离　激活　社交

图中曲线趋势的升高类似于体温的升高，它反映了孩子"大脑－身体"系统的唤醒强度在上升。例如，当孩子的体温上升到38摄氏度以上时，你会立即采取行动，帮助孩子把体温（或者说发烧的状态）恢复到一种不高不低的、更平衡的状态（不发烧的状态）。你会很自然地做下面这样的事：当孩子感到苦恼时，你会走近他们、安抚他们或尝试去了解是什么事情导致他们感到难过。当我们帮助孩子降低唤醒的"温度"时，我们就是在让他们的"大脑－身体"系统恢复到平衡的状态，这会让他们产生安全和平衡的感觉。随着时间的推移，父母一次又一次帮助儿童（或青少年）在感受到强烈的情绪或只是感到不安后恢复到这种平衡的状态，这会强化孩子内心的稳定感以及信任自己、信任他人的能力。

反之，如果没有值得信赖的成年人的存在或支持，孩子将难以自行做到情绪调节或者获得安全感，这可能会以不同的方式表现出来：他们可能会睡不着、情绪失控。他们的行为可能是过于冲动或反应过激的，或者他们可能会行为孤僻、安静和封闭自我（相比其他表现方式，这类的表现方式比较难被发现）。孩子的这些表现是在发出信号，表明他们在这些时刻难以自我调节并且缺乏他们其实非常需要的内心安全感。

通常，父母或看护人可以在此时介入进来，近距离地向孩子保证他们"一切都很好"。父母或看护人的这种行为足以给孩子最终自己学习情绪平复的过程奠定基础。当儿童日渐长大或者青少年需要面对新的、强烈的情绪时，父母和其他成年人也可以通过引入或亲自示范一些做法来强化孩子自我安慰的技能，例如：

"我看到你很不高兴。我们一起去散步吧。"或者"也许散步或跑步会让你感觉好一些。"

"我们坐下来一起读本书吧。我很喜欢你坐在我的腿上让我抱着你。"

"你害怕那只小狗吗？我知道它对你来说是一只大狗，但我不会让它伤害你的。我们一起朝它走近一点吧。我保证你会没事的。"

"这真的让你很担忧。如果你想谈谈的话，我随时有时间。"

"你现在很生气。把这件事写到你的日记里面会对你有所帮助吗？"

关注孩子独特的情绪节奏、脆弱性、压力点和需求，将使你能够保持与他们的联结并预测出可能会导致他们不安的原因。无论那些原因是什么（也无论你认为那些原因有多荒谬），你要体会的是孩子的情绪体验，你必须暂停自己对这些原因和情绪的评判（尽管这并不总是那么容易做到的）。

有时候，肢体接触可以起到安抚孩子的作用。你可以给孩子一个拥抱，或者把一只温柔的手放在孩子的肩膀上或后背上。除此之外，你和孩子之间的沟通有时也能达到安慰孩子的目的。你可以尝试成为一个优秀的倾听者，对孩子说一些表示理解和能展示你具有同理心的话语或做出这类的手势。做一个细心、冷静的倾听者可以在很大程度上帮助你的孩子感觉好一些。然而，谈到陪伴在孩子身边这件事时，我们却经常低估了倾听这项技能。

当孩子的情绪崩溃、不安或失控处于非常高的级别时，你要怎么做呢？在孩子情绪失控的时候，你对这种强度的即时反应可能是告诉你的孩子："冷静！马上冷静下来。"孩子失控的情绪会让我们变得更有控制欲。这是一种自上而下的"命令式"的处理办法。其弊端是它很少能获得成功。

我明白，作为孩子的父母，在这种情况下，你很生气、崩溃。然而，如果你能让自己退后一步，你就会看到更大的"图景"，你就有可能意识到自己的这些快速反应在大多数情况下都会适得其反。当情绪失控的孩子感受到父母的紧张或恼怒时，他们就会更加不安。在这些"超高温"的时刻，当你的孩子已经被情绪淹没了的时候，给他们指出方向或者对他们下命令都是行不通的。对他们大喊"冷静！""别哭了！"或者"别瞎担心！"这些并不会被你的孩子听到，反而会使已经很紧张的情况进一步升级。

帮助处于困境中的孩子，第一步是与孩子建立联结。在孩子情绪失控的时刻（无论是在操场上摔倒受了伤，还是在初中学校里度过了艰难的一整天后流着眼泪回到了家），他们需要你（他们的父母）退后一步，回到情绪稳定的父母的角色来帮助他们。了解孩子的需求可以从根本上改变你的做法。这里要记住：（1）你和孩子紧密联结的亲子关系是最重要的；（2）你的目标是帮助孩子重新恢复情绪上的平静。

每次父母协助孩子调节情绪时，孩子就获得了一次练习的机会。在孩子能够自己管理情绪之前，他们需要大量的练习来经历他们情绪的高涨（不安、愤怒）和回落（平稳，再次稳定）。他们的大脑和身体将每一次父母对他们的协助调节进行吸收和编码，作为自己学习情绪处理技能的一部分。我们来看一个案例。

四岁的泽维尔一听到父母说甜甜圈已经吃完了，就大声尖叫起来，扑倒在地板上，满地打滚。泽维尔性情温婉的母亲索菲亚试图向孩子解释说妈妈以后会给他买更多的甜甜圈。但是，情绪已经控制了泽维尔，现在跟他说任何理由都无济于事了。在与我分享这个故事的时候，索菲亚告诉我，泽维尔"明明知道我们以后会去超市买更多的甜甜圈"。这让她对泽维尔为什么会爆发这么大的愤怒感到困惑。

我向索菲亚指出，虽然泽维尔可能确实知道父母计划或承诺了以后让自己获得更多的甜甜圈，但是他在情绪爆发时却无法意识到这一点。他的情绪充斥着他的大脑。在那些情绪崩溃的时刻，任何理性的思考几乎都是不可能的。随着孩子年龄的增长，他们将更能承受自己情绪的爆发，理性思考的能力也会因此而变得更强一些。但对泽维尔来说，在那一刻的"高温"中，他的情绪和认知是分割不开的。当情绪失控时，任何人都很难保持专注，更不用说就事论事或理性思考了。为人父母者要面对的挑战就是要控制好我们自己的情绪，这样我们才能专注于帮助孩子学会在心烦意乱时让自己平静下来。

让我们来看另一个案例。

一个五年级的女生要完成"建造桥梁"的家庭作业。她需要建造一个复杂的结构作为桥梁的一部分。因为弄不明白怎么做，所以她感到非常沮丧，变得喜怒无常，几乎对什么事情都要发火。她平日是一位很自信的问题解决者，但一旦感到心烦意乱，她就很容易失去思考的能力，想不出都有哪些可能的解决方案。

在这种时刻，情绪会压倒孩子的思维或认知能力。那么，如何更好地帮助儿童或青少年摆脱这种高度失调的状态并平衡他们不堪重负的心理系统呢？在初始阶段，帮助孩子重建他们的内心平衡是首要的目标。

根据我与劳拉·贝内特·墨菲（她是我的同事，也是我在杜克大学读研究生时的校友。她后来成了犹他大学备受推崇的儿童心理学家和创伤治疗师）一起做的研究工作和我们之间的交谈，我调整了她针对严重创伤儿童所做的研究，并将其更普遍地应用于这个被情绪充满了的时代。在本章内容中，我们可以随时体验这些技术。

其中一个练习与孩子的生物生理学有关。我们要通过降低情绪唤醒程度来帮助孩子从情绪失控转变为情绪较平静、较稳定。请试着把你的注意力集中在那个单一的目标上：

1. 从专注于让自己情绪稳定开始。

（1）感觉你的双脚平稳地、牢牢地踩在了地上。

（2）想象坚硬的地板或地面，同时问自己："我的脚落地了吗？我稳定吗？"

（3）呼气，然后慢慢地、深深地吸气以稳定自己并降低情绪唤醒程度。重复 1~3 次，直到自己感觉呼吸变得有规律了为止。

（4）提醒自己：孩子正在尽其所能地去做他们能做到的

事情，同时，有意识地将孩子本身与他们的行为分开。尽最大努力不把孩子的行为当成是专门为了惹你生气。

（5）使用"咒语"来强化你的意识：

- "我是成年人。"
- "我能处理好这件事。"
- "孩子现在需要我。"

（6）再缓缓呼吸一次，同时提醒自己：现在孩子情绪剧烈的不安只是暂时的情况。孩子内心发生的任何事情都不会永远持续下去，而且，这也并不代表他们对所有的情况都会做出类似行为或反应。这种情况只会维持一天或一夜，你们两个人是完全可以安全度过的。如果你开始感到陷入困境或不知所措，那么请提醒自己：你有能力处理好这一刻，你以前就成功过。回想一个过去的成功案例，将其作为对自己的提醒。

一旦你自己的情绪回到了更稳定的平衡状态，你就可以转而去帮助你的孩子了。一个自己情绪被高度唤醒的、情绪失控的家长是无法帮助他的孩子降低唤醒程度的。

2. 帮助正在感到痛苦和情绪失控的孩子。

（1）帮助孩子放慢呼吸。以此作为起点，让他们平静下来。尝试自己缓慢地、深深地吸气并且以缓慢的速度出声地呼气（你呼气的声音对孩子是有效果的）。让孩子听到你的声音，感觉到你在他们身边支持他们，而且感觉到你在缓慢地呼吸。你可以试着用温柔的话语来鼓励孩子："慢慢地吸气，你会没事的。慢慢地呼气，我在这里陪着你呢。"呼吸练习是为了帮助孩子调节呼吸频率，让思绪逐渐平静。它对某些孩子有效，但却不一定所有孩子在所有的时刻都适用。如果它不是每次都对你的孩子有效的话，你也不要担心。另外，你应该知道，虽然看似孩子没有按照你说的去做，但是你自己平静地呼吸仍然会被孩子感知到。

（2）用关怀的眼光看着孩子，触摸或抱着他们（如果他们愿意让你这样做的话）。你希望孩子在他们心烦意乱、烦躁苦恼的时候仍然能感受到你们之间的联结，知道你就在他们的身边。

（3）现在你可以开始把孩子重新引导到当下以及正在发生的事情上了。冷静地向孩子描述正在发生的事情，用语言来形容它并且与孩子的体验进行联结。孩子将开始对父母的共情做出反应。我们来举例说明：

- "你从攀登架上掉下来了，摔得很疼。"
- "朋友没有回复你的短信，这让你很不开心。"
- "大测验的成绩和你期望的不一样，令你感到无比失望。"
- "你以为我应该提前为你做好了那件事。当你发现我其实没有做的时候，你真的感到很生气。"

（4）提醒孩子你在他们身边陪着他们："我们可以一起处理这件事。""这很糟糕，但它会过去的，我们会渡过难关的。""我在这里陪着你呢，我会帮助你的。"

（5）避免对孩子的行为或情绪进行任何羞辱或责备。

我们都需要掌握一些自我安慰和处理强烈情绪的方法。不开心、不高兴原本就是人之常情。我们都希望自己有能力安抚自己并让自己的情绪更平静。随着孩子不断长大，他们将学会更多地依靠自己去处理这些情绪不稳定的时刻。你可以稳步地慢慢后退，只需要继续陪在孩子的身边，在他们确实需要你的时候给他们提供支持和帮助就好了。最终，孩子处理强烈情绪或破坏性时刻的能力会变得越来越好（对孩子的父母来说，这可真是一种解脱啊），他们会越来越有能力让自己平静下来或安抚自己。

不过，有些孩子可能会需要更长的时间来学习这些自我安慰和情绪调节的技能。而且，即使孩子在某一时刻能够很好地处理情绪波动并已经建立起了可靠的应对机制，他们也不可能一直都做得好。他们仍然会时不时地需要你的帮助。

对我们为人父母者来说，掌握一整套能处理儿童或青少年情绪失控的技巧是非常有帮助的，而且最好能了解和掌握多种策略和方法，以便在不同的情况下进行选择和尝试。在孩子情绪失控时，你可能需要尝试不同的方法先与孩子建立联结，然后再平复孩子的情绪。你不要仅仅因为对一种方法的尝试不奏效就感觉是自己做错了什么。你可能需要多次不同的尝试才能弄清楚哪种方法对你的孩子大概率是有效的，或者在某个特定的时刻是有效的。

调动身体感官帮助孩子平静下来

下面我将向你介绍一些实用的技巧，它们能够帮助你安抚正在生气或发脾气的孩子。这些技巧会使用五种生理感官来降低孩子的情绪唤醒程度。调动孩子的身体感官（触摸、运动、发出声音、挤压肢体等，哪种方法有效将取决于你的孩子对哪种方法有反应）可以令孩子重新回到当下的时刻与场景并实现情绪上的自我调节。

当孩子极度不安或愤怒时，他们可能意识不到自己身在何处，也不明白自己身上到底发生了什么事。此时，与孩子进行身体上的联结可以让他们感到心理安慰。你必须要尝试过不同的方法，才能够知道哪一种对你的孩子有效。要记住，在不同的时间，孩子的反应可能会有所不同。以下是一些可供选择的方法（你也可以尝试发明一些只属于你自己的方法）：

- 挤压一些柔软的东西。 玩橡皮泥或某种可挤压的玩具可以让孩子释放压力。将手握成拳头然后松开（孩子可以在父母的示范和指导下去做）也会对孩子有所帮助。或者，你可以尝试让孩子"用力、用力、再用力"地握紧你的手指，然后再松开。

- 让孩子绷紧脚趾然后松开，重复此操作 3 ~ 4 次。也可以通过"绷紧 - 放松"手指来完成此操作。你可以一边说指令一边给孩子做示范。

- 耸肩，然后放松。让孩子耸起肩膀，然后放下来。

- 用一点点力按摩孩子的双手或双脚。你这样做的同时可以说一些与孩子联结的话："我理解你。我在这里和你在一起。我们已经解决这个问题了。"

- 拥抱或搂着孩子，用力挤压孩子的肘部、手臂、肩膀或大腿。

- 播放音乐。让孩子听一些舒缓的音乐。或者（对某些孩子来说有效）听一些能让孩子活跃起来、运动起来的音乐，然后把音乐速度变慢，让孩子平静下来。可以尝试播放那些节奏先快后慢的音乐。

- 让孩子动起来。可以让他们玩滑板车、在后院奔跑、在蹦床上跳跃、跳绳。父母和孩子一起前后摇摆（你可以站在孩子附近摇摆。如果孩子年龄很小的话，你也可以抱着孩子摇摆）或者和孩子一起慢慢走路。

- 转陀螺。转动一只陀螺并看着它不停地旋转，可以让所有年龄段的孩子平静下来。

- 发出声音。哼唱可以让人平静。你可以在孩子身边先深吸一口气，然后尽可能长时间地哼唱。然后，再次缓慢而深深地吸气，然后再哼唱，如此反复。孩子会听到你发出的声音，他们也许会加入与你一起哼唱。

- 给孩子做冷敷。在炎热的环境中，为了缓解孩子极端烦躁的情绪，可以在孩子的前额、脖子后面或手腕上进行冷敷，用湿毛巾或冰袋来降低孩子的生理温度。一定要对孩子说明你在做什么以及为什么要这样做："我会把这个放在你的脖子上给你降温。"如果孩子的年龄大一些，你可以把自己常用的凉冰冰的凝胶眼罩给他戴上（你甚至可以和孩子一起去买一副孩子专用的，给孩子提供一种发挥主动性自己处理情绪的可能）。对青少年来说，可以让他们用冷水洗脸或者洗个冷水澡。

帮助处于极度烦恼中的孩子的另一种方法是利用眼前的环境帮助他们重新回到当下，以此来帮助他们减轻痛苦。这又涉及使用孩子的五种感官来调整他们的生理状态了。不过，此时一定不要把注意力集中在导致孩子不安的原因上，否则可能会加剧他们的躁动。取而代之的做法是：与孩子坐在一起，表现出你支持的态度，同时，通过"将孩子重新定位到他们身边的事物上"这个方法来温和地引导孩子。

- 视觉：帮助孩子去查看、观察周围的事物。你可以提示说："告诉我你在房间里 / 你身边能够看到的 5 样东西。"让孩子说出他们看到了什么。如果他们太生气了，不按照你的要求去做的话，你可以用"我看到一个 × × ×，你也能看到吗？"这个句子来开头。你也可以尝试另外一个方法："告诉我你看到的 5 件红色的东西。"或者："告诉我你看到的 5 个圆形的东西。"

然后通过倒数计数的方法让孩子使用他们的其他感官：

- 听觉："告诉我你现在能听到的 4 个声音。第一个是我的声音。你还听见了什么？"
- 触觉："你现在可以摸到或感觉到哪 3 样东西？"你可以用"我感觉到风吹在我的脸上""我能摸到沙发的扶手"之类的提示来开始这个练习。
- 嗅觉：引导孩子用鼻子吸气，提示孩子："你能闻到哪 2 种气味？"与以上方法类似，如果孩子需要更多支持的话，你可以通过描述你闻到的气味来提示他们。
- 味觉：给孩子一小口食物或一块糖果，问孩子："你现在可以尝到的 1 种味道是什么？"

这个练习有助于降低孩子的情绪唤醒状态并将他们带回到当下。通过和孩子一起进行五种感官的体察，你提醒了孩子你就在他们的身边，包容他们、锚定他们。同时，让孩子知道，在他们情绪波动的时刻，他们并不孤单。

分散注意力有助于调节强烈的情绪

有时，解决强烈痛苦的有效办法是离开当时的场景、改变孩子身处的地方或者找到一件可以分散孩子注意力的事情，这样你就可以让孩子摆脱那个不断升级的情绪漩涡了。你可以尝试借助以下这些活动教会孩子如何恢复平静并让自己的"大脑－身体"系统平复下来。你可以建议孩子：

- 和你一起去散步。除非孩子愿意，否则你们散步的时候不需要彼此交谈。

- 去他们自己的房间、后院或在家里某个安静的地方独自待一会儿。这样做是向孩子表明，独处可以让人感到安慰（而不是作为一种惩罚）。

- 建造一个小小的藏身之处，一个专属于他们的小世界。可以用枕头搭一个堡垒，或者用布把桌子围起来形成一个帐篷。如果孩子想和你挨着，你们可以在床上或沙发上紧紧地互相靠在一起。

- 抚摸他们的宠物或他们最喜欢的毛绒玩具。

- 投篮球、扔球或者和你一起玩抛接球的游戏。

- 爬树、跑步或做一些其他的体育活动来减轻压力。

- 在大自然中坐着，触摸草地，或者从花园中走过，欣赏看到的景物和体会大自然的气味，感受新鲜的空气或微风。

- 和你一起并排坐或坐在你的腿上涂鸦／给图案上色。
- 和你一起读一本书，或者你帮助他们找一个安静的地方，让他们自己坐下来阅读。
- 和你一起看电影或有趣的短视频。可以观看那些"展示宁静的大自然"的视频或者孩子喜欢的其他让人平静的视频。
- 在日记本或笔记本上写下他们的想法和感受。

以上这些只是你可以给孩子提出的建议，孩子并不必完全遵照它们去做。不要追求孩子能"完美地"听从你的建议去做，而且就算他们做了也不是每次都有效。其中某个方法不起作用并不代表你的做法失败了。你可能需要进行更多次的尝试。不断试错可以让你弄清楚在某个特定的时刻，哪种方法对你的孩子最有效。

教孩子了解自己的情绪

帮助孩子学会自我调控的非常重要的第一步是教会孩子了解自己的情绪。孩子的大脑处于不断的发育变化中（有时变化会很大），距离完全"设置"好还有很长的路要走。处理情绪的能力以及其他方面的调节技能（例如，保持持续的注意力、长时间专注于某事以及对冲动进行控制）都需要很长时间（大概要到他们 20 多岁之后）才能完全形成。前额叶皮层是大脑中帮助管理情绪的区域，这个区域的发育最慢。这意味着孩子比你想象的更需要你的帮助，而且往往是在你最意想不到的时候需要你的帮助。

想要给我们的情绪"贴上标签"却并不容易做到或者仅凭直觉就可以做到的。为什么呢？因为情绪是很复杂的。它们存在于我们的内心，而且是抽象的。我们看不到它们，也无法触摸它们。另外，我们倾向于将情绪进行二元化的分类：快乐或悲伤，愤怒或喜悦，焦虑或平静，恐惧或英勇，孤独或乐群，舒服或不舒服。但实际上，情绪几乎从来都不是如此单一的状态。

我想起几年前我想让自己怀孕却遇到了困难的那些日子。当时我刚刚流产不久，正在纠结要不要再次怀孕。这时，我的几位最亲密的朋友告诉我说她们怀上了自己的第一个或者第二个孩子。听到她们怀孕的消息，我发现自己的内心充满了复杂的情绪：为她们感到高兴，为自己感到难过，嫉妒她们以及因为我自己还没有怀上孩子而感到不开心。对我来说，这是一个很大的发现。我（早已经是成年人了）意识到，任何一种情绪的反应都可能是极其复杂的。

那么，我们应该如何帮助我们的孩子去理解如此重要但又如此难以掌握的事情呢？当孩子还是你怀里的婴儿时，你会不假思索地给他们的情绪贴上标签，比如："那件事让你如此开心""你难过了吗？想妈妈了吗？""似乎有什么事情让你感到生气了"之类。现在他们长大了，不再是婴儿了，你还能那样做吗？我们教孩子给自己的情绪贴上标签是为了帮助孩子开始理解他们内心的那种不熟悉的感觉。

我所开展的幼儿项目中有一个核心的组成部分，那就是为孩子们的情绪贴上标签。随着时间的推移，我看到孩子们对自己的感受越来越理解，而且，他们也越来越有能力用语言将这些感受表达出来了。这是一个需要时间和反复练习的过程。

我每天观察那些蹒跚学步的孩子。当他们突然停止正在做的事情，环顾四周并且表现出一种挫败感（比如皱起眉头）时，我就会根据事实来推断他们的情绪。也许另一个孩子拿走了他们的玩具，或者他们不想让妈妈或爸爸把他们送到幼儿园就马上离开。虽然父母早些时候已经和他们说了"再见"，但是他们现在才意识到父母真的已经走了。他们可能会跺脚或胡乱说一些话来表达自己的愤怒。他们需要成年人持续不断的帮助来完全理解正在发生的事情。当我们叙述或标记他们的情绪时，我们就是在提供这样的帮助。随着他们能用更多的词语来表达这些看不见的（但能强烈感受到的）情绪，他们也就能用更多的自我信任和内心的安全感去感受事物（及做出行动）了。理解我们的情绪是一种锚定。

当我们成年人用语言来描述孩子的情绪时，我们也传达出了这样一种观念：我们接受孩子有任何情绪，即使是不开心、愤怒、失望、沮丧、害怕或者任何其他的负面情绪，我们都会接受的。对孩子来说，这一点是非常重要的。负面情绪可能会令人感到非常不安。

当孩子知道我们家长能够接受他们的任何感受包括负面情绪时，他们就会进一步确认：即使是在感到非常难过的时刻，自己也仍然是安然无恙的，父母也仍然会陪在自己的身边。

那么，你要如何帮助孩子标记并理解他们自己的情绪呢？

1. 在你亲眼看见孩子产生了某种情绪时用语言来给那种情绪做标记。

- "你看起来好兴奋！我从你灿烂的笑容中看出来你很兴奋。"
- "哎呀，那个女孩一边哭一边跺脚。她一定很生气，很不开心。"
- "我看到你很生气。我想这就是你在公园里躺倒在地上打滚的原因。"
- 你也可以向孩子描述你自己的情绪："今天我去上班，到公司时却找不到钥匙了！我感到非常沮丧。我到处找也没找到。不过，后来我想起来，我的同事有我办公室的钥匙。于是我就向她求助，她帮了我的忙。我后来感觉好多了。"

这里传达出的潜台词是：孩子有这些情绪是完全可以被接受的。作为家长，你有能力管理孩子的感受。你还传达出一条更广泛的信息：体验负面情绪是生活的一部分，"每个人都有生气、发脾气的时候！"

2. 让标记情绪这件事变得有趣好玩，成为你和孩子日常互动的一部分。

- 你可以和孩子一起听有关情绪感受的简单易学的儿歌（孩子很小的时候就可以开始听）。你可以和孩子一起唱这些歌，也可以由你唱给他们听。孩子还可以为这些歌曲添加新的描述感受的歌词。

- 围着桌子吃饭的时候，可以进行一种"每个人说出自己感受"的有趣仪式，用来帮助孩子将现实的境况与他们的感受联系起来。"今天遇到了什么有趣的事情吗？有没有遇到让你感到惊讶的事情？有没有遇到让你感到兴奋的事情？有没有遇到让你感到生气的事情？有没有遇到让你感到不开心的事情？"注意不要强迫孩子回答。这个活动进行得越轻松、越有趣，孩子们才越愿意参与和响应。

- 练习与孩子一起做出能表达情绪的表情，或者从一堆表情包中挑选与某种特定情绪有关联的表情（见右图）。一起照镜子并分享"情绪脸"也许是一个非常有趣的游戏。这个游戏可以帮助孩子对拥有不同的情绪感到自在。你可以自己先做个表情，给孩子打个样：双眉紧锁的、忧愁的脸，或者怒目圆睁的、生气的脸。然后，让孩子模仿你的表情，做出他们自己的表情，或者让孩子猜猜你们每个人所做的表情展示的是哪种情绪。

你的感受是怎样的

开心	困惑	焦虑	尴尬	生气
满意	生气	烦恼	惊恐	兴奋
悲伤	生病	失望	滑稽	自信
紧张	疲惫	喜欢	惊讶	羞愧
可笑	担心	不安	孤独	受伤

3. 通过你使用的词语和你给孩子提供的反馈，让孩子的情绪变得更加"有形"和"真实"。通常，儿童甚至成人在他们感到不太开心的时候，对"自己的情绪究竟是什么"的理解都是有限的。以下是一些与情绪相关的短语，可以用来提醒孩子不同情绪的特点：

- "感受是会变化的。"
- "有时你是快乐的，有时你是伤心的。"
- "你那种感觉是正常的。"
- "这么难过的确让你现在感觉不好。虽然你现在觉得很难过，但是它会过去的。"
- "你的感受想要告诉你什么呢？"
- "你现在觉得悲伤／生气／不安都是可以的，这种感觉不会永远存在的。"
- "每个人都会有情绪不好的时候，这并不意味着你是一个坏孩子。"
- "每个人都会有哭泣的时候。"

请仔细浏览以下这些不同的情绪以及它们之间的细微差别：

情绪清单

生气	悲伤	焦虑
脾气暴躁易怒	失望	害怕
沮丧	哀伤	紧张
恼火	后悔	脆弱
防备	郁闷	困惑
恶意	麻木	迷茫
烦躁	悲观	怀疑
厌恶	想流泪	厌恶
被冒犯	惊惶	被冒犯
恼怒	信念破灭	恼怒

受伤	尴尬	幸福
嫉妒	被孤立	感恩
被背叛	局促不安	信任
孤立	孤独	舒适
震惊	自卑	满意
被剥夺	罪恶感	兴奋
受害	羞愧	放松
委屈	被他人厌恶	如释重负
饱受折磨	可悲可怜	得意洋洋
被抛弃	困惑	信心十足

情绪是具体的

家长要帮助孩子"旁观"自己的情绪，或者教他们学会与自己的情绪和平相处而不是觉得自己必须要让情绪消失，这是非常重要的。我们常常希望孩子能迅速地从负面情绪中走出来，特别是如果我们自己不愿意经历那些情绪或者不愿意让孩子经历那些情绪的话。当我们向孩子传达"感到难过是正常的"这个信息时，我们的意思就是允许孩子感受他们难过的情绪。"你想妈妈了，这很正常。你想和我一起坐一会儿吗？"一旦孩子走出了"给情绪命名"的第一步，你就可以帮助他们与那个情绪进行联结，因为情绪是一种生理上的体验。我们在自己的身体内部认识情绪、体验情绪、感知情绪。

以下这个简单的练习能让我们帮助孩子更加了解他们的情绪，并与他们的情绪进行联结：

1. 帮助孩子意识到自己的感受并且给自己的感受命名或打上标签。询问孩子的感受是什么，或替孩子给他们的感受命名。

2. 教孩子如何感受自己的身体并允许全部的情绪存在于自己的身体之中（旁观自己的情绪）。你可以建议孩子闭上眼睛，关注于自己感受到的是什么，给自己的身体做个扫描，找到他们的感受正存在于身体之内的哪个地方。帮助孩子关注他们身体内部的感觉，从头顶开始，一直到脚趾尖。你可以指导孩子尝试在他们的身体中找到那种情绪，例如，那种情绪堵在喉咙那里，像个肿块；或者挤在胃里，像十五只水桶打水——七上八下；或者，像一块石头沉甸甸地下坠；或者趴在胸部，像是双肺被紧紧地包裹了起来，闷闷地让人无法顺畅地呼吸……

3. 让孩子记住那种情绪以及它是如何被他们感觉到的。

4. 向孩子传达最最关键的提醒：即无论孩子的感受如何，也无论那种感觉有多糟糕，你都会在他们身边："不管你现在（或者过去）多么悲伤、不安、愤怒，我始终都爱你，我会在你身边陪着你，一直陪着你。"

孩子的情绪会通过他们的行为表现出来，从孤僻退缩和闷闷不乐到具有攻击性的爆发和大发脾气。教孩子认识他们自己的情绪，也为孩子学习在社会交往中哪些行为是可以被接受的、哪些行为是不可以被接受的奠定了基础。当孩子产生了负面的情绪时，有些孩子会很快感受到它们并在身体上做出反应。如果孩子将一把吃饭用的叉子扔到了地上，而你对此的回应是"那不是你可以扔的东西。如果你想扔点儿什么的话，你可以扔这个皮球"，那么，你就是在教孩子什么可以做、什么不可以做。

类似的转移孩子行为的方法也适用于可能源于强烈情绪的其他行为，例如打人和咬人，这些行为在低龄幼儿和大龄儿童中都是很典型的。虽然，随着孩子年龄的增长，攻击性行为会越来越少，越来越不明显，但在不同年龄段的压力时期，孩子仍然有可能做出这种行为。无论孩子的年龄是大是小，也无论孩子的发育处于什么水平，我们处理孩子情绪的思路始终都是：绝不能因为孩子感受到了负面情绪而羞辱他们，而是要给孩子一个合理的出口来宣泄他们的负面情绪。这就是我所说的"合理范围内的限制"。孩子是在冲动之下做出消极行为的，这意味着孩子并没有或者说还没来得及思考应如何对自己的情绪做出响应就快速地行动了。孩子需要我们成年人帮助他们找到一种方法来更好地疏导他们的冲动。

给孩子提供清晰的替代方案，对引导他们的消极行为是非常有帮助的。例如，当孩子需要一个出口来宣泄他们的情绪时，我们可以为他们设定好边界：

"这里有个篮子，你把那个玩具扔进来吧。"

"如果你这么生气，那就使劲跺脚吧！"

"咬自己的胳膊会让自己受伤。你可以咬苹果，我们去找个苹果吧。"

下面的方法对年龄较大的儿童或者青少年也适用：

"我明白你非常生你朋友的气。与其踢家具，不如到外面去踢球或者投篮吧。"

"你感到生气是可以的，但把东西扔得满地都是可不行。也许写篇日记会让你感觉好一些。"

在你认可孩子的情绪并将他们的消极行为引导至其他方向时，你可以尝试加入一些轻松或幽默的语气（如果当时的情况允许的话）。你越是有能力在当时的情境下保持轻松、冷静，就越有利于帮助孩子调节情绪。

另外，我要再提醒一遍，你必须先处理好自己的情绪反应，然后才能更好地帮助孩子。问问自己，孩子的情绪爆发是不是一场真正的危机，或者，在这种情况下，你自己是不是可以稍微放松一下（这将有助于降低孩子的情绪强度）。你自己能够（合理地）保持放松和平静，将有助于孩子控制他们自己的强烈情绪。

在帮助孩子学习处理这些行为背后的情绪时，请记住，我们的目标不是让孩子完全摆脱他们的情绪。情绪是我们的盟友，为我们提供有关我们自己、我们身处的世界和我们的人际关系等方面的信息。我们的目标是将情绪保持在一种"可被容忍的程度"或者一个我们可以接受并使用它们的范围之内。

在孩子的生活中，负面情绪有时会持续强烈地存在，这反映出孩子的生活发生了一些困难。知道自己在那些负面情绪存在的时刻并不孤单是非常重要且关键的，它让我们不会将情绪看作是一种需要忽视、避免或否认的东西，这样我们才能够将情绪化作韧性的来源。

帮助孩子识别并管理压力源

亲子依恋关系的另一个重要作用，是帮助孩子学会管理他们在日常生活中遇到的不可避免的压力源以及随之而来的情绪。我所说的"压力源"是指对日常生活规律中的任何中断：从孩子生活环境的突然变化，到孩子身体上发生了疾病。压力源是任何能使孩子失去情绪平衡的内部或外部的因素。压力不一定是坏事。压力告诉我们的大脑要去注意、去适应、去生长和去学习。压力会提高我们对某事的注意程度，从而让我们的专注力得以提升。在孩子学会自己管理压力之前，他们还是要依靠家长来强化他们的压力反应系统。这是情绪调节的最终目的。

正如许多对啮齿动物和哺乳动物的研究所表明的那样，从孩子出生到三个月大，他们的压力反应（通过皮质醇这种压力激素的水平来衡量）一直处于较低的状态。这也许听起来很奇怪。因为新生儿一旦离开了子宫这个安全的环境，似乎就应该更容易受到外部压力源的影响。所以，你可能认为婴儿的压力荷尔蒙一开始会比较高。但事实并非如此。婴儿对压力的"低反应时期"表明：低水平的皮质醇反映了父母的陪伴对新生儿的神经系统起着镇静的作用。父母帮助孩子"调节情绪唤醒以实现适应性功能"（这是一种复杂而花哨的说法）指的是我们要帮助孩子学习压力管理和情绪调节（尤其是愤怒、失望和沮丧等消极和强烈的情绪）的方法、过程或相关技能。

我帮助家长理解这种压力反应重要性的方法是让他们记住体内平衡的生物学概念。作为我们生物学的主要驱动力之一，所有人（和动物）都要持续处于保持生理平衡的过程中。平衡的感觉很好！这种要保持平衡的"努力"是在我们甚至都没有意识到的情况下发生的，因为它是由自主神经系统运行的。

自主神经系统是我们大脑的一部分，它总是开启着并在我们的意识之外工作。这种追求平衡和稳定的驱动力，是以不同的方式来确保我们的安全和健康。我们遇到的任何压力（比如睡眠不足、天气异常寒冷或炎热、饥饿或口渴、要发表公开演讲、接到了令人不安的电话或电子邮件、宠物死亡，等等）都会使我们的"大脑 - 身体"系统失去平衡。正如研究人员所指出的那样，"压力现在被定义为一种体内平衡受到挑战的状态，包括整体压力和局部压力"。

当我们遇到压力源时，我们的"大脑－身体"系统就会迅速做出决定，将能量运输到最需要的地方，使我们的身体恢复平衡。"大脑－身体"系统会以多种方式实现这种平衡和自我调节，包括通过心血管系统、新陈代谢、呼吸系统、温度控制和渗透平衡。总之，这些系统会自动工作，我们甚至都不会意识到它们在做什么。虽然对于高度复杂的情绪调节系统来说，这是一种过于简化的解释方式，但它可以帮助我们记住：我们的压力反应系统的目的是帮助我们适应不断变化的环境，这样我们就不会长时间生活在高度戒备、警惕或焦虑的状态中了（至少在正常的每日生活中不会）。与体内平衡的其他方面一样，压力反应系统是一种基本的调节机制，它可确保我们安全、存活以及综合的生理和情绪健康。我们越是能在经历压力时敏捷地让自己的"大脑－身体"系统平静下来，我们就越是擅长处理我们的情绪。

然而，并非所有的压力都对我们有害。实际上，还有"对人有好处的压力"这个概念，研究人员将其称为"良性压力"。这种类型的低水平压力对我们的健康至关重要，因为它有助于"大脑－身体"系统在程度较小、威胁性较小的时刻练习对压力做出反应。我们可以将这种练习类比为一种肌肉训练：我们通过逐渐的、持续的且非过量的锻炼和强化来使我们的肌肉越来越强健有力。

纽约大学发育神经科学家瑞吉娜·沙利文说，短暂地暴露于压力之中对人是有益的，因为压力使我们的身体去练习对压力的反应。压力也可以是激励性的，甚至是令人兴奋的。"有益的紧张感"（比如，为发表一场重要的演讲做准备，或者参加一场你觉得自己已经做好了充足准备的考试）能让你保持专注和清醒。处理压力的系统需要多次、反复的练习，而"良性压力"允许我们去做这样的练习。

在婴儿期，孩子最初的大脑发育主要是通过亲子依恋关系中父母对孩子的关爱来"推进"的。而在此之后，孩子将继续在他们所处的环境中成长和发育。这里所说的"环境"不仅是指孩子生活的物理环境（家、学校、社区），它有着更深层的含义，还包括了人际关系、一天之内的每日例程和节奏，以及孩子和其他人面对消极的、具有挑战性的时刻的反应。

当环境中出现了压力源时，无论那个压力源是瞬间发生的、反复出现的或是长期存在的，这些环境的或人际关系的因素就都会显得非常重要。举例来说，生活在经济困难或家庭动荡之中会给孩子的生活增加压力，但充满关心、支持和怜爱的关系可以作为缓冲，抵消一部分负面的影响。此处的重点是：孩子生活的环境在他们如何培养出情绪调节及压力管理的能力方面起着重要的作用。构成孩子生活环境的因素涉及方方面面，而孩子与你的亲子关系则是其中的核心。

我们每个人（包括成人和儿童）都会在日常生活中遇到各种的压力源。这些压力源或小或大，或微不足道或至关重要。但无论我们遇到的压力源是哪一种，在它出现的彼时彼刻，它都会动摇甚至破坏孩子和我们自己的稳定性。教孩子认识到他们有能力处理这些压力源，将使孩子内化出一种自我控制感，让他们觉得可以控制自己的情绪。控制自己的情绪是韧性的核心组成部分。帮助孩子在遇到压力的时候变得有韧性，其重要的第一步是教孩子如何识别出压力的来源。

哪些事情会令你的孩子感到不安呢？一天之中的很多事情都可以成为压力源，导致你的孩子感到不开心，并通过语言、表情、行动将生气难过的情绪表现出来。

每日生活中可能出现的压力源：

- 孩子想穿的衣服还没洗或者被洗了还没干
- 孩子感觉饥饿
- 孩子晚上睡眠质量不好、感觉到疲倦
- 孩子想念某位正在外出的家长
- 孩子跌倒了或受伤了
- 孩子没赶上学校的班车
- 孩子上学迟到了，或者参加体育活动或音乐活动时迟到了
- 孩子即将面临一场考试，或者要提交一份期末报告

- 孩子每天离开家去上学的时刻
- 孩子不知道学校留的作业该怎么完成
- 孩子放假之后，要开始新学期 / 参加新的夏令营 / 开启一份新的勤工俭学工作
- 孩子的老师当天外出不在学校，或者孩子班上换了新老师
- 孩子与兄弟姐妹或朋友吵架了
- 在课间休息玩游戏时，孩子最后一个被伙伴选中

更大一些的压力源：

- 搬家到新房子或新城市
- 转学到新学校
- 参加运动队、管弦乐队或社区戏剧社
- 家里新生了弟弟或妹妹
- 父母分居或离婚
- 遭到同伴的排斥 / 霸凌
- 计划安排得太满 / 有太多事情要做
- 学校竞争激烈，或者在学校的某项竞争中失败
- 发生意外事故及受了重伤
- 去急诊室就诊
- 家里有孩子生病
- 家里有成年人生病
- 亲属去世
- 宠物死亡

长期和潜在的创伤性压力源：

- 家里发生了经济困难或经济损失

- 生活在贫困的、有经济压力的或不稳定的环境中

- 父母或至爱亲朋中有人去世

- 长期饥饿或食物不足

- 无法获得医疗护理或药物

- 受到情感、言语、身体或性方面的虐待

- 家庭暴力

- 社区暴力

- 父母长期缺席（父母生病、入狱、离婚）

- 由自然灾害或战争造成的重大日常生活的中断或家庭住所搬迁

- 严重的事故

- 患上严重的或慢性的疾病，需要住院治疗

我们常常认为幼儿比成年人更无忧无虑，因此，我们可能会低估孩子面临的压力，就算是最年幼的孩子也会有许多亲眼看见或亲身经历压力的时刻。正是这些时刻打开了一扇可以让孩子学习的机会之窗。我们家长应该寻找这些压力时刻并拥抱它们。

让我们来看一些例子。

三岁的威尔因为他的三明治被切错了而高声尖叫起来

（威尔想让爸爸把三明治切成两半，但是爸爸却把三明治切成了四小块）。我们可能会觉得小威尔因为这点小事发脾气很有趣。但是，这件小事对威尔这个小孩子来说却是真正的压力，因为他对即将到来的午餐的想法没有实现。这是一场灾难吗？不是。这对小孩子来说是一种压力吗？是的。当威尔的爸爸对威尔表示出同情，承认自己犯了错，并向威尔保证下次他一定会把三明治切"对"时，威尔才能够最终平静下来并控制住自己的情绪爆发。

当赞达亚从学校回到家时，她因为自己与一位好朋友发生了冲突而大发雷霆。我们给赞达亚妈妈的建议是：不去责备赞达亚的那位朋友（那位朋友经常会挑起类似的冲突）。她可以识别出女儿的愤怒情绪、认真倾听女儿的发泄。然后，如果赞达亚对妈妈的建议持开放态度的话，妈妈可以提出一些如何与那位朋友互动的方法供赞达亚尝试。

让儿童和青少年把当天发生的所有问题都发泄出来（尤其是他们在学校度过了漫长的一天之后），相当于给了他们一个机会，让他们可以卸下一天所有的压力或不幸。不加评判甚至不提供反馈的倾听往往是孩子所需要的，那是一种放学后与他们最信任的人待在一起的放松。这会让你的孩子得以休养整顿并再次感到踏实稳定。他们可能会从激烈的发泄和抱怨转瞬变成开心快乐。坏的部分被丢弃了，其余的部分也就获得了释放。

有时，你将不得不让自己从给孩子提供建议或帮孩子解决问题的"诱惑"中抽身出来，并努力让自己始终保持倾听的模式。不过，如果你真能做到这一点的话，你的孩子就会和你说得更多。我们有时会意识不到，孩子最想要我们"成为一个值得信赖的倾听者"。

对许多孩子来说，上完一整天的课后放学回家的过渡是有压力的。

这里有一个八岁孩子赛迪把妈妈逼到情绪崩溃边缘的例子。因为每当妈妈来接赛迪放学回家的时候，赛迪从来就没有说过什么好话。赛迪的妈妈塔蒂亚娜抱怨说，每次在课外活动中见到赛迪，她都感觉女儿就像火山一样，随时都会喷发。

"她所做的所有事情就是抱怨老师、抱怨课间休息、抱怨家庭作业，随便什么事情她都要抱怨！如果你能听到她说的话，你会以为她的生活中没有任何好事。"

我建议塔蒂亚娜不要指望赛迪度过了一天漫长的学校生活之后，会在被妈妈接回家的时候感到快乐，而是要允许赛迪有十分钟的抱怨时间，因为她需要释放当天的压力。我还鼓励塔蒂亚娜在尊重赛迪的同时不要太把赛迪的话当真。赛迪的生活并不悲惨，但她需要抱怨。"你可以告诉孩子你想听她当天发生的所有事情，包括她一天中感觉不好的部分。"我建议道。

在塔蒂亚娜做出了以上的改变之后，赛迪在从学校步行回家的路上有了可以尽情抱怨的时间，而她从中获得了很多乐趣。她讲述当天发生的一切时非常戏剧化，听起来她整天都在经历坏事，一件好事都没有。塔蒂亚娜知道这不是真的。不过，在把所有的坏事都吐槽了一遍之后，她就像完成了一件大事似的停了下来。母女两人此时会重新建立起联结。连续几天，她们在放学的路上都采用了这种新的诉说方式（说出所有当天在学校发生的让赛迪感觉糟糕的事情）。几天之后，赛迪开始问她妈妈："你今天过得好吗？"

赛迪这种自发性的转向关心母亲的原因，一是她感觉妈妈在倾听自己的感受，并且是把自己当作一个完整的人（即使自己有消极的部分）来倾听的；二是妈妈不会再被这种放学后的发泄激怒了。

类似这样的时刻抓住了孩子如何学习情绪处理的精髓，它是孩子学习调节内心强烈感受的过程之一。随着孩子年龄的增长，家长可以指导孩子反思自己的体验，以此来帮助孩子了解自己情绪调节能力的成长过程。"还记得你上次对朋友的所作所为感到生气吗？你想出了一个和她谈谈的计划。然后，第二天你们就又在数学课上一起合作了。"像这样的提醒会给孩子提供信心，因为他们可以回忆起另一次自己在遇到类似情况的时候是怎样度过的。孩子将向你学习如何处理自己的反应，以及如何以尊重和关怀的态度去对待他人。当你在这方面为孩子树立了榜样时，他们也会及时像你那样去做的。

所有为人父母者都可以想起无数次孩子以各种行为来考验我们耐心的例子。重要的是，我们要认识到孩子行为背后的情绪基调以及令孩子产生那种情绪的背景。这些认识比孩子的行为本身更能驱动我们的反应。无论我们是否认为孩子没礼貌且不尊重他人、无缘无故生气或者对我们认为的小事反应过度，我们都应该去了解他们行为背后的原因。

事实上，情绪是各种行为（包括好的行为和坏的行为）的燃料。帮助孩子意识到他们各种各样的情绪，是帮助他们学会自我调节的关键。在此过程中，孩子会逐渐学会理解和管理自己的情绪，学会适应变化、失望、失败以及任何形式的对他们现状的打断。同样的道理，当孩子内在失去平衡时，帮助他们恢复情绪稳定会让他们的内心再次培养出安全感。我们任何人都可以在一个安全的地方成为最好的自己。因此，如果孩子能更快或更容易地恢复平衡的话，那么他们的自我调节技能就会更有效，他们也就能更好地处理自己的情绪。

帮助孩子学会自我调节的核心内容是教会他们知道拥有情绪没有错，也不是什么坏事。当孩子学会给自己的情绪命名并与情绪（所有的情绪，无论它们是多么消极）和平相处时，他们就在"学习如何调整和管理自己"的道路上迈出了一大步。

"你"因素

我们在帮助孩子的同时也是在帮助我们自己。正如我之前提到的，我们有责任应对压力并保护孩子免受压力。当然，作为孩子的锚点和容器，我们需要及时意识到自己的紧张和情绪的唤醒状态，因为那正是孩子会吸收、感受并最终做出反应的事情。因此，当我们自己的身体收紧、肩膀绷紧、心跳加快、讲话时速度变快且声音变大、情绪随着焦虑的上升而变得愈发强烈时，我们就很难让一个不开心的孩子获得安抚，也无法很好地协助孩子进行自我调节。如果这个不开心的孩子恰巧是一名青少年，那我们的任务就更具挑战性了。

在压力很大的时候，我们的主要目标是降低情绪的唤醒水平。首先是降低我们自己的唤醒水平，然后才是降低孩子的唤醒水平。不言而喻，你越是了解自己，越是熟悉处理自己的担忧、愤怒、沮丧、烦躁和焦虑的技巧，那么你作为孩子的支持者、情绪教师和缓冲器的任务就能够完成得越好。

与此同时，你对每一个孩子的了解，也将帮助你更好地理解自己在面对每个人时，要做出哪些不同的反应。我劝你对自己保持诚实，不要为自己在这些时刻对孩子的感觉或反应感到羞耻，而是利用这些信息转向我们作为父母都希望拥有的、更积极、更正面的联结。

你无法在所有时刻都对孩子是怎样的人做出准确的判断，但你对他们了解得越多、理解得越多，你就越有能力帮助他们成长并获得应对生活所需的技能。同样重要的是要记住，自我调节能力的发展本身是一个持续的、动态的过程。在这一过程中，儿童和成年人都会随着生活经验的积累、与同龄人和其他成年人的互动以及在环境中遇到的变化和压力源而不断成长。好消息是，作为父母的你有一个独特的机会，让你可以在这个过程中去指导孩子。这样孩子的负面情绪就不必成为他们成长的阻碍了，或者至少它们不会太频繁地发生了。

当我与前来咨询的家长见面时，我会张开双臂围成一个圆圈来向他们示意：在生命的早期，父母是拥抱年幼孩子的人，是扮演孩子情绪容器以便教会孩子如何调节情绪的人。然后，随着孩子的不断长大成熟，他们开始逐渐获得自我调节的技能，父母则逐渐张开双臂，一步一步地慢慢后退，从越来越远的距离引导着孩子的学习过程。

我们要在孩子的一生之中以稳定和包容的方式与他们保持联结。世界上并不存在绝对完美或唯一正确的亲子关系。

你家的亲子关系风格对你和孩子来说是独一无二的。最终，当孩子学会调节他们的情绪时，由于自我意识和主动性的提高，他们也就学会了处理自己的行为。

作为成年人，我们对孩子高度的情绪唤醒状态会做出反应。我们的反应有时可能是非常强烈、非常消极的。当我们这样做了的时候，尽量不要对自己过于苛责。我们都是人，情绪也驱动着我们的"大脑-身体"系统。强烈的负面情绪也会"磨刀霍霍"地想要控制我们。当高度紧张的儿童或青少年需要我们保持情绪稳定，而我们自己却正在经历负面情绪时，想要以孩子所需要的稳定的方式做出反应，对我们来说可能是非常具有挑战性的。找到一种方法来让自己在经历负面情绪时还能对孩子做出情绪稳定的反应是我们自己的难题。它需要我们反思自己为什么会做出强烈而消极的反应，并反复练习那些能让自己保持情绪稳定的方法。

我向家长们推荐的技巧之一是使用一些"咒语"来让自己保持情绪稳定。在我抚养三个孩子的过程中，这些"咒语"发挥了很好的作用。我家每个孩子的气质都不一样，所以每个孩子都有属于他们自己的独特的"咒语"。这些"咒语"是一些会快速出现在你脑海中的短语，它们会提醒你"我是成年人""我能处理好这件事"。这些"咒语"能帮助你将情绪稳定下来。也许还能够为你把当时的境况变得轻松一些（甚至会给你带来一些幽默感），让你以更健康、更稳定的方式与心烦意乱的孩子互动，让你成为孩子的容器，即那个可以包容他们强烈情绪的人。这不仅可以帮助你让孩子平静下来，还可以为你的孩子树立起一个榜样，让他们学习应该如何对待他人。你的孩子体验到了你与他们相处时（即使是在他们感到最沮丧的时候）始终保持冷静的能力（在大部分时候你都可以做到），他们也因此学会了也以这种方式与其他人相处。

以下是我推荐的一些"咒语"。不过，我鼓励你想出对你本人特别有效的"咒语"。不同的"咒语"会在不同的情况下更适用，这具体取决于你需要回应的是哪个孩子以及你自己当时的感受是怎样的：

"她只是个小女孩。"

"他还那么小。"

"他们会长大懂事的。"

"这件事也和之前发生的其他事一样，会过去的。"

"我是房间里唯一的成年人，我必须有个成年人的样子。"

"他不是故意惹我生气的，他只是自己很不高兴而已。"

"她没有恶意。"

"我不能把这件事当成故意惹我生气。"

"不管他信不信，反正他需要我。"

"她现在做的就是她能做到的最好的了。"

需要进行反思的问题

阻碍我们在这些情绪动荡的时刻保持冷静的究竟是什么呢？这与我们把自己过往经历里的什么东西带进了自己的育儿过程有关。为了帮助孩子学习如何冷静下来并恢复情绪平衡，你的当务之急是要了解自己的压力源、情绪触发因素以及自己应对不愉快所使用的方法。

你对自己了解得越多（这是一个需要时间的过程），你就越能更好地帮助你的孩子。以下是一些你可以自问自答的问题。它们能帮助你更好地了解自己的反应。随着时间的推移，这种自我觉察能力的提高可以帮助你对孩子做出不同于以往的反应。

- 允许孩子不开心对你来说意味什么？你想到了什么？
- 当孩子感到不开心时，你的身体会紧张起来吗？如果回答是肯定的，那么你的紧张发生在身体的哪个部位呢？
- 这种情况通常会在什么时候发生呢？
- 当某些负性事件发生时，你是否曾经责怪过别人

（比如你的伴侣、你的配偶或你的父母）？

- 当孩子极度不安或向你发出质疑时，他们会让你想到谁？

- 回忆一下你的父母曾经对你做出的响应：当你还是个孩子的时候，是谁安慰过你，让你知道一切都会好起来的？

- 当你还是个孩子的时候，你是否曾因为自己的情绪或行为而受到羞辱或嘲笑？你当时是什么感觉？

- 你能想起某次你感到不开心，然后被别人用积极正面的方式关心的经历吗？你想到的是什么？

- 当坏事发生时，你有没有感到自己受到了责备？有没有人说你很糟糕？有没有人对你大喊大叫或是惩罚你？父母或其他成年人有没有嘲笑或者贬低过你？

- 你是否曾希望自己小时候不开心时会受到不同的对待？你希望你的父母那时怎么做？

第五章
支柱三：主动性

当孩子内化出安全感并开始自我调节时，他们就准备好要去开启另一个重要的发展里程碑了：分离。与父母分离使孩子能够成为他们自己（一个单独存在的人）。他们会变得更个性化、变得越来越独立并发展出真正的自我意识。所有这些对孩子发育出主动性来说都是至关重要的。

与主动性相伴而来的是孩子的自我激励和对他们自身能力的觉察。这些对自己身体和生活的控制感，是激发孩子探索周围世界、研究他们感到好奇的事物和测试他们自己身体机能的动力。此时，孩子对你们之间亲子关系的信任会再一次成为所有这些成长的基础。当你继续充当孩子的锚点和容器时，你就使得孩子能够以健康的方式与你分离并发育出一种自我控制感，即韧性的第三大支柱——主动性。

主动性是韧性的关键因素，因为它能让孩子学会独立自主和自我激励。哈佛大学 2015 年的一项题为"标准化考试成绩之外的教学影响"的研究指出：主动性是儿童自我激励和取得成功的关键因素，它比标准化考试的成绩重要得多。研究人员将主动性定义为"有目的地发起行动的能力和倾向，与无奈、无助是相反的。

具有高度主动性的年轻人更有可能会去追求有意义的生活，更有可能有目的地行动以实现他们在自己以及他人的生活中所要求的东西"。主动性是孩子一生中从始至终推动他们前进的动力。

家长如果无法识别并区分孩子看似对立的两种需求（远离父母追求自主的需求以及亲近父母寻求安全的需求）的话，就会无意中阻碍上述的分离过程，进而削弱孩子发展出主动性的能力。

主动性让孩子"犯错并从错误中学习""走出家门进入社会""测试自己个人的能力"以及"用自己的方式与他人相处"。上述的分离能否成功取决于当孩子准备踏上一条漫长而循序渐进的独立之旅并变成一个能随机应变、能适应环境的成年人时，是否能在他们的主要人际关系中感到足够的安全，是否能明确地知道你（父母或其他照顾者）将继续成为他们的安全大本营并在他们需要的时候随时为他们提供帮助。

想要采取行动挣脱父母为自己提供的安全网是大多数孩子的天性。不过，走出这个包围着他们的舒适区，哪怕只是迈出去一点点，也是会令他们感到害怕和困惑的。这就是为什么分离过程既不是线性的也不是一直前进不回头的。它发生在漫长的童年时期，并且是时断时续的。在分离过程的最初阶段，孩子会开始经常将父母推开，也会经常在需要与父母接触、需要父母安慰自己时将父母拉近。

对孩子来说，每年暑假之后的秋季开学是让他们感到害怕和情绪不稳的不确定事件，新加入一个体育社团或者发生了一场淹没你家地下室的大暴雨也是。每次你的孩子表现出他们的独立性（例如，独自走到附近的商店去买牛奶或面包、当你外出时独自待在家一个晚上、骑自行车去几个街区外的朋友家、第一次自己列出购物清单、第一次自己烤蛋糕）时，他们都有可能会退缩回来。他们可能会要求你在睡觉时陪着他们，或者以其他非典型的方式表现出来。尽管孩子渴望获得更多的自由，但他们也需要你随时都在。在孩子提高独立性的旅程中，进两步退一步的现象是很常见的。

让我们回到你和你孩子之间连着一根线的那个意象。有时这根线会被你们中的一个或另一个拉得紧绷绷的，而有时它又会被放松一些。拉紧或放松取决于你孩子在不同成长阶段的需要。线的张力代表你们两个人之间的纽带。这条线一直存在着，让你和孩子在长时间的分离过程中以及孩子走向独立的旅程中始终保持联结。

青少年和年轻人仍然在经历与分离相关的过程。虽然他们发出的信号与幼儿时期相比会有所不同。你十六岁的孩子可能会大声冲你吼叫："别管我！""别进我的房间！"你放假回家的大学生孩子可能会强烈地抨击你："我不需要你，别在这儿来回转悠了！"虽然这些大呼小叫反映了孩子当时对独立自主和个人隐私的渴望，但他们这些"新晋成年人"同时也希望你在他们需要你的时候能够离他们足够近，尽管此时此刻他们还不需要。

换句话说，虽然你和孩子之间的那条线已经变得更长更松了（这既反映出你对他们越来越信任，也反映出他们独立生活的能力越来越强），但它仍然存在着。这条线将你和孩子连在一起，其张力的变化反映了孩子的需求。毫无疑问，这当然会让人感到非常困惑。

对于父母来说，鼓励和支持分离意味着树立明确的期望、在给孩子提供自由度和灵活性的同时设定适合孩子年龄的限制、避免对孩子做出控制或过度保护的行为、让孩子承担合理范围内的后果以及帮助孩子练习执行控制技能（那些技能是构成目标导向行为的基础）。孩子会在由亲子关系构成的容器和锚点中经历以上所有这些事情。孩子和父母之间的关系越紧密、越安全，孩子走出家门去探索世界的基础就越牢固。

设定期望值和限制

孩子对世界的探索包括尝试新的任务和经历、冒险和犯错。这些都是孩子学习世界如何运转以及自己应如何在其中行事的重要方面，是孩子了解自己的一部分。孩子需要了解自己适合待在什么地方、喜欢什么、不喜欢什么。然而，为了能在任何年龄走出家门去冒险并不断向前迈出新的步伐（从进入学前班到参加他们的第一次高中社交活动），孩子需要家长为他们设定限制和边界来提醒他们：如果他们确实跌倒了、摇晃了或失败了，你（孩子的父母或照顾者）会出现在他们的身边（或者你一直就待在他们附近），随时给他们提供帮助。

在蹒跚学步的年龄，这些限制是很直接、很明确的。小孩子依赖于你告诉他们什么时候要停下来，不管他们是在玩滑板车还是在扔食物或扔玩具。实际上，两岁到五岁是一个阶段，孩子会在你提供的安全范围内测试他们控制的水平，并观察你是否会认真坚持之前定好的限制。给孩子制定一些限制能让他们发展出主动性。当父母根据孩子的年龄设定好合理的限制时，孩子们就会感到足够安全，可以去冒险并尝试自己搞清楚事情是如何运作的。这类限制听起来可能是这样的：

"在晚餐时间，我们要坐下来一起聊天，一起吃饭。谁也不能在餐桌边玩玩具或电子设备。"

"你可以在空地上扔球，但不能打到另一个人的身上。"

"你感到不开心，但你不能说那样的话。试试用其他方式来问我吧。"

你家幼儿和青少年的表现可能像是他们想完全自主掌控所有事情似的。不过，当他们在充满爱心的照顾者为他们设定好的合理规则范围内行动时，他们会感到更安全、更平静。

大量的研究项目都在调查能够帮助孩子成长为负责任的、成功的成年人的育儿模式在整体上应该是什么样子的。这些研究中有很多的内容涉及限制的重要性。几十年的研究结果都指出了亲子关系中的一些特殊品质，这些品质最能帮助孩子了解自己并发展出主动性。这些互动包括在一种被称为"权威型养育"的方法中设定合理的限制。这是加州大学伯克利分校的心理学家戴安娜·鲍姆林德在20世纪70年代开始的开创性纵向研究中首次描述的。她对一组家庭进行了研究。她仔细观察这些家庭中的成员随着时间的推移所进行的互动以及生活在其中的孩子们的成长情况，然后利用这些发现确定了一种育儿方式。这种方式结合了及时的响应、温暖的互动、清晰的规则、合理和适合孩子年龄的限制以及对孩子明确表达出的期望。

在过去的 50 年里，这种育儿方式在全球范围内被数千个项目一次又一次地研究和验证。实际上，这种育儿方式非常简单。权威型养育风格根植于父母对孩子的及时响应及关怀照顾（父母凭借及时的响应及关怀照顾为孩子提供足够的空间让孩子发展出他们的自主性），它与亲子关系既为孩子提供容器又为孩子提供锚点的概念相吻合。这种互动方式鼓励父母以温暖且敏感的方式与孩子建立联结。同时，父母持续不断地发出信号，表明自己才是说了算的那个人，自己不会严厉苛刻地对待孩子而是会合情合理地管教孩子，自己会保护孩子、引导孩子，自己的做法不会严格生硬且一成不变而是会符合孩子不断变化的需求。父母的以上做法会让孩子在探索中感到安全。多年的研究表明，这种育儿方式有助于让孩子变得：

- 对自己有信心，对自己感到满意。
- 能够承担责任并做出明智的决定。
- 擅长解决问题并在高中和大学取得学业成功。
- 信任自己并能感知、了解他人的需求。

- 能够处理情绪的波动，这使他们拥有强大的社交技能并能与同龄人建立起良好的关系。

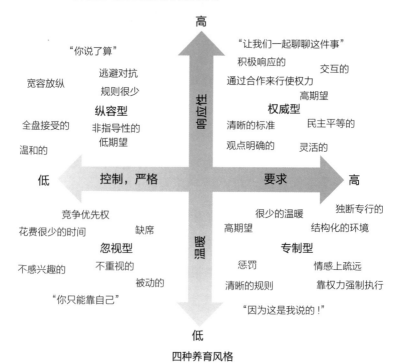

四种养育风格

给孩子提供有边界限制的自由能鼓励孩子去探索世界、相信自己，因为有明确的期望而在世界上感到安全并且能够自我激励去学习。我经常想起我的一位同事分享的故事。故事的主人翁伊尔迪科是在东欧长大的。她接受的就是更严格的独裁型养育方式。以下是她的讲述:

在我成长的过程中，大人会给孩子一辆三轮车。他们会画一条直线，并且教孩子如何从 A 点沿着这条直线直接骑到 B 点，就好像从 A 点到 B 点只有唯一的一条路，而我们小孩则只能在这条路上练习骑车。他们称之为学习。但是现在我知道了，这不是能够激励孩子学习或思考的方法，因为它只是在教孩子如何从 A 点骑到 B 点。更好的方法是：你给孩子一辆三轮车，同时，给孩子创造一个安全的空间，这个空间的外部被篱笆或栅栏围绕着作为保护，空间的内部则有很多可以骑行的地方。然后你放手让孩子自己去玩。孩子会自己弄清楚怎样骑三轮车、要骑去哪里并且规划出属于自己的骑行路线。

伊尔迪科的故事说明的是这样一个想法：孩子们需要护栏来让他们知道边界在哪里。但是在边界之内，孩子们也拥有自行移动并弄清楚如何操控事物的自由。孩子们需要守规矩，但他们也需要空间来经历并亲自尝试外部的事物。这才是激励孩子尝试新想法、创造解决方案、练习和掌握技能以及独立思考的正确方法。它给创造力和好奇心提供了绽放的空间，而这两者都可以推动学习。好奇心是对发现新事物的欲望，而快乐则是在弄清新事物时享受到的乐趣。

孩子还需要清楚地理解你对他们的期望是什么。你对孩子的期望以及你给孩子提供的建议和反馈，将指导他们在各种不同的情况下采取不同的行动。如果你给孩子提供的反馈不是苛刻或僵化的而是具有支持性的，那么其效果会更好。当你考虑要在家里给孩子设置哪些限制、提出哪些期望时，请考虑给孩子留出供他们自己思考的空间，同时也要给孩子足够的指导，让他们知道你对他们的期望有哪些最基本的内容。请牢记以下提示：

- 设置限制时，请使用孩子可以遵照执行或完全理解的说法。"现在该做作业了"比问孩子"你想做作业吗"更明确。其他的例子包括："当你扔食物时，就意味着你的晚餐已经结束了。我会认为你已经吃饱了。""虽然我也希望我们能读一会儿书，但是我们还是要把这些书留到明天再读。现在我们该说晚安然后去睡觉了。"你可以使用非常果断且清晰的指令，但是不要摆出高高在上、咄咄逼人的样子。

- 你设置的限制要清晰且明确，并且不会产生歧义。限制是孩子参与活动时必须遵守的规则。制定这些规则的目的是告诉孩子你对"孩子在特定情况下该如何表现"这件事所持有的指导性原则。孩子（无论年龄大小）可能不知道你期望他们做什么，特别是当他们身处新的环境中时。不过，即使是在已经重复出现过多次的场景中，他们也有可能会不清楚你对他们的期望。花时间对设置的限制做出解释将有助于孩子理解在各种不同的情况或环境中你对他们应如何表现所寄予的不同期望。"当我们在外面的餐馆吃饭时，我们必须要等待一段时间才能得到食物。你可以坐下来画画或玩你的小汽车。我们必须待在餐桌旁，不能到处跑。""当我们到达游乐园之后，你和你的朋友可以自己去玩那些游乐设施。你们可以玩到下午 3 点钟。下午 3 点的时候我们要在出口处集合，不能迟到。如果有任何变化的话，我会提前给你发短信，所以，你要勤看着点儿手机。"

- 要确保孩子能准确无误地理解你给他们定好的限制和你对他们的期望。孩子理解你对他们的要求究竟是什么吗？当你十四岁的孩子出去玩而你规定他晚上 11:00 之前必须回到家时，他是否知道你要求的是 11:00 而不是 11:15？他是否知道他回到家之后必须要叫醒你，好让你知道他按时回来了？

- 如果你跟孩子阐明你对他们的期望时孩子不认真听或者似乎打定主意要冲破你为他们设定的边界，你需要暂停下来，反思是不是有什么事情可能让孩子感到了困扰、分散了孩子的注意力或者让孩子觉得可怕，或者孩子是否正在追求更多的独立性。他们是否正在试探你给他们设定的那些边界以弄清楚自己能拥有多少控制权？他们是否需要有更多的时间和你待在一起？他们的朋友发生了什么事情吗？或者学校里有什么压力源吗？他们是否正在向你要求更多的责任和独立？

- 如果你可以做到的话尽可能灵活一些。可以给孩子提供有限的选择（一般的经验是提供两个选项）："我可以在5:00开车接你回家，或者你也可以晚一点和哥哥一起走路回家。""你想穿运动鞋还是靴子？"当孩子觉得自己在某件事上有发言权时，他们会更有动力去建立起自主性。

为孩子设定限制并严格遵守它们并不总是那么容易的。请记住两件事:（1）你设定某种限制或提出某种期望的目的是教会孩子什么;（2）从宏观来看，这些方方面面的"护栏"是要帮助孩子学会自己管理自己，这是他们学习如何自我调节的重要步骤。有时我们认为自由意味着无限的、开放式的可能性。实际上并非如此。无限可能的选项会让孩子们茫然不知所措。当没有任何限制时，他们不太可能会感到有动力，也不太可能会达成目标。你要提醒自己"我要为孩子负责"，这很重要。而为孩子负责就意味着要给孩子设置限制。同时，你也要提醒自己，即使孩子反对，你也还是要这样做。

对年龄较大的孩子来说，父母和孩子就期望值问题一起讨论并达成一致是有帮助的。你们可以把一起协商决定的内容写下来。这样，当孩子未遵守商定好的规则或你们亲子之间出现冲突时，你们就可以参考这份书面协议来解决了。讨论这些协议内容可能会引发一些健康的谈判，这很好。谈判和妥协对孩子来说是生活所需的技能，只要你能将它们控制在边界内。让孩子参与此类讨论也表明了即使你并不同意但你还是会尊重孩子的意见。当你和孩子进行此类讨论时，请将这样的讨论看作是双向的、你一言我一语的对话，而不是你说孩子听的单向说教。大多数人都不会认认真真去聆听那种"一言堂式"的说教。而且，鉴于说教具有自上而下及单向传递的性质，所以，听者会从一开始就产生抵触心理。取而代之的做法是：你清楚自己的底线是什么，在此基础上与孩子进行一些讨论。例如，你可能会说："在我看来，那个时间点让你独自走路回家是不安全的。让我们讨论一下你的其他选择吧。"同时，你要真诚地倾听并允许孩子提出意见和建议。

我还建议你尽可能具体、简洁地解释你的想法，提前主动阐明如果没有遵守限制可能会产生的后果。比如，如果孩子没有按照约定的时间回到家，那就按照你们之前的约定由孩子来承担相应的结果。我的一个孩子曾经常常违反我给他设定的限制。他上了高中之后，有一天对我说：

> 妈妈，我知道你为什么给我自由了。我们之间有信任。当你要求我在午夜前必须回到家并及时告诉你我在哪里时，我照着做了。当我们约定好我必须在某个时间之前回家时，即使时

间很晚了，我也做到了在约好的时间之前回到家里。我意识到如果我不遵守我们约定好的规则，那我就会辜负你的信任。你可能会对我更严格一些，让我更早一点回家。我现在明白了：实际上约定的时间并不是那么重要，重要的是你对我的信任。

他说得对。与我们的幼儿和青少年约定规则、回家时间以及其他限制都与信任相关，这是我们亲子关系的重要基础。信任也是在亲子关系这个容器中被建立起来（或被破坏）的东西。毕竟，孩子很快就会自己搬到外面去住，所以给他们适当的空间和自由可以让他们感到舒适，无论你们之间离得有多近或多远。

对限制进行"测试"这件事对任何年龄的孩子来说都是很正常的。而且，在某些年龄段，孩子对限制的"测试"会变得更多、更强烈。当孩子们这样做是试图弄清楚自己的极限以及他们在世界上能做什么和不能做什么时，这可能是健康的。要求孩子严格遵守限制并不是我们的目的（这意味着你有时可以稍稍放宽一些，比如在祖父母来访时推迟孩子的就寝时间）。我们将目标这样定会更好一些：让孩子尊重我们为他们设定的"护栏"。这个目标的意思是说，孩子要遵守大多数的限制，在这些限制中拥有稳定感并学习自我调节。同时，他们偶尔也可以抵制或质疑这些限制。

因此，无论你的孩子多么乖巧听话、行为良好，无论你多么相信他们的判断力，无论他们在生活的其他方面多么有能力，他们仍然可能会做一些"出格"的事情来测试你对他们的限制（而且，我希望他们这样做，因为测试限制是建立韧性的一部分）。你要自行决定哪些限制是真正重要且必须严格遵守的，而哪些限制可以对孩子有所让步。

六岁的莱诺克斯回到家后拒绝将外套挂在衣帽钩上，这是父母明确规定他放学后要做的事情之一。他以前每天回到家后都会这样做并且还会把鞋子脱下来摆好，但现在这已经变成了每天需要家长提醒并且会和家长发生争论的事情。莱诺克斯的父亲很快就决定暂时放手，不再强求他这样做。因为这个学期马上就要结束了，父亲知道这对莱诺克斯来说是一年当中的艰难时刻。任何事情的结束都是一种不确定，而孩子们通常会在这种时刻感到不开心。退步是他们表现自己感觉不稳定的一种方式。所以莱诺克斯的父亲做出了让步。不出所料，学期结束一段时间后，他们适应了暑假期间的每日例程。有一天，莱诺克斯走进家门，在没有家长提醒的情况下把自己的外套挂在了衣帽钩上，然后把自己的鞋子放进了鞋柜里。

你只需要简单地提醒孩子你希望他怎么做就足够了。对了，还要提醒孩子你们之前写下的或口头协商一致的未遵守约定可能会带来的后果，例如，"如果你今天真的不能和你的姐妹们一起打扫房间的话，那么我们稍后就不能出门去远足了"。

我发现当孩子不喜欢父母给他们设定的限制并且明确地让父母知道时，对父母来说真是一种很大的挑战。孩子一听到父母说"不"就会马上出言反驳、大发脾气或者拂袖而去。请记住，当你设定了合理的限制时，孩子很可能不喜欢那些限制，更不用说充满爱意地拥抱那些限制了。

重要的是，你要清晰地定义并阐明你对孩子的期望，同时明确地传达出你希望孩子"尊重规则并遵守规则"的信息。我们都必须做一些自己不喜欢或不想做的事情。作为孩子的父母，你有时必须准备好去坚持你所设定的限制。孩子会对你提醒他们整理床铺、提醒他们结束游戏时间或者拒绝他们在上学日的晚上外出游玩的请求感到不满。不过，尽管他们会不开心甚至生气、发脾气，你仍然要坚持让他们遵守你们约定好的限制。

在我的一个孩子四岁时，他有一段时间不想让我拉着他的手过马路。所以我不得不生拉硬拽地拖着他穿过大街上主要的交叉路口。我定的规则是：我们穿过城市街道的时候必须要手牵着手，到达了马路的另一边之后才能放开。我们只要到达了路口的另一边，我就会马上放开手，而他就会重新安定下来。我允许他反对甚至咒骂这条规则（尽管让别人看着我和这个大声尖叫的孩子在一起时会觉得很尴尬），但是牵着我的手走完路口的那段距离是没有商量余地的。受不了的可能是你。家长常常会将孩子的负面反应或对限制的抵制视为针对自己的行为（有时，孩子会一边抗议一边遵守限制，这种情况下，父母也会认为孩子是在故意惹自己生气），而且，会因为孩子对自己不满而感到生气。

有一位妈妈对我说："我一说'该收起电子设备了'，我女儿马上就会生闷气。她会表现得粗鲁无礼，低着头跺着脚走开。"

我问这位妈妈，她的女儿表达了自己不喜欢这种限制但还是遵守了这种限制。那么是什么让她觉得女儿很粗鲁呢？

"她已经拥有了很多的东西。为什么她就不明白自己不能一直玩电子设备，然后好好遵守这个限制呢？她为什么对我这么刻薄呢？"

我理解这位母亲。当我们的孩子随和、听话时，让他们遵守限制会比较容易。当我们的孩子反抗我们或者冲我们发火、突破我们的底线时，我们会觉得他们被宠坏了。对孩子这种行为的另一种解读方式是将其看作亲子分离的一部分。

孩子有了他们自己的观点，这会将他们与我们分开。在家庭生活中，我们和孩子并不能在所有事情上都达成一致。在家以外的世界里，我们的孩子也将会被要求去做一些他们并不喜欢的事情。

我和这位妈妈讨论了让她十三岁的女儿"成为独立的她自己"意味着什么。我们还聊到了一些事实，比如她的女儿有时会生父母的气并希望和父母保持距离。孩子信任他们的父母意味着孩子感觉能够向父母表达他们所有的感受（即使是消极的感受），这同时也表明孩子拥有了足够的安全感使他们敢于反抗限制。但是，我们不能仅仅因为孩子反对或提出相反的观点就放弃我们给孩子设定的限制。

就像亲子分离过程本身一样，想要围绕限制及其后果与孩子展开一场健康的对话并不是一朝一夕就能完成的。在孩子整个的童年时期以及青春期，甚至在孩子刚刚成年时（成年的孩子确实会再次回到家里来住，并且将会需要你提醒他们如何对家庭做出贡献并尊重你的家），你们随时都有可能需要一次又一次地回到所谓的"谈判桌"上。

让孩子理解限制背后的原因、你对他们的期望以及信任被打破时可能产生的后果，这所有的过程都是让孩子学习独立自主并对自己的行为负责这项庞大工程的一部分。限制和信任是相关联的，并且两者会共同支持孩子走上独立的道路。

独立与安全的需求冲突

孩子一方面想要走向世界、成为独立的自己，另一方面又想要获得安全感、想知道自己并不孤单。这两方面的需求都非常强烈，所以会经常发生冲突。我们常常会认为亲子分离是与幼儿有关的。但是，孩子直到成年都会继续在对独立和安全的需求上存在冲突。

当孩子开始与父母分离时，他们往往会带着矛盾的态度：他们想独立，想自己去做事，但他们不想离你太远，也不希望你走得太远。他们很兴奋自己能单独坐校车，但他们却不喜欢跟你说"再见"，所以会在上车的时候感到不开心；他们不希望你要求他们必须在几点之前回家，也不希望你进他们的房间，但他们希望你熬夜等着他们，希望在周末晚上回家时能看到你的房间里亮着灯。孩子们到了想要和父母分离的年龄，却又没准备好真正与父母分离。我们再一次看到，没有你（孩子的父母）的陪伴和支持，孩子们会感到不那么稳定，也不那么安全。

关注孩子行为或情绪上的微小变化将有助于你发现孩子什么时候正在经历亲子分离的困难，什么时候更需要你的陪伴。表明孩子遇到了分离困难的行为可能会是这样的：

- 你三岁的孩子在半夜醒来并且大哭。

- 你五岁的孩子想睡在你的床上。
- 你七岁的孩子这样说："我才不想去参加米可（他最好的朋友）的生日派对呢！"
- 你十岁的孩子总是肚子疼，不想上学。
- 你十五岁的孩子坚持要你每天白天给他们发短信，让他们知道你没事。

也许，你已经允许你十岁的孩子自己步行上学了（他几个月来一直要求这样做），你以为这种新的自由会让他感到兴奋。但令人惊讶的是，他似乎变了个样。他在吃早餐的时候磨磨蹭蹭、在临出发的时候找不到另一只鞋或在卫生间里待的时间比平时长。这些都表明他们可能害怕离开家或害怕离开你的身边。即使他们非常渴望自由，他们也仍然感到害怕。

一位家长告诉我，她的儿子十四岁，非常独立，而且似乎非常自信。他已经自己独自和朋友一起去上学很多年了。每天上学的时候，他都会毫不犹豫地打开家门走出去。有一天早晨，他对妈妈说："有时我真希望我能回到幼儿园，这样你就可以陪着我一起走路去上学了。"另外一个例子里的孩子是九岁的女孩。她做了很多计划要去她新交的一位朋友的家里过夜。在她真正要去的那天，她坐在沙发上，身边是她准备带去朋友家过夜的背包，里面装着她想在这个特殊场合烤饼干用的配料。当她妈妈让她去告诉爸爸说她们要走了时，她生气地吼道："你为什么总是让我做我不想做的事！"孩子对去朋友家过夜感到兴奋吗？是的。孩子因为要和父母分离而感到担忧吗？也是的。

分离焦虑是强烈的，即使对最有准备和思想最独立的孩子也是如此。以下是孩子随着年龄的增长如何表达自己分离焦虑的一个例子。

十二岁的阿莱达怎么也睡不着。她第二天要开始上一门新的课后课程。她因为要上这门课已经兴奋了好几个星期。她恳求父母让自己参加这门课，因为在那里她将学会如何写自己的漫画小说。在上第一节课的前一天晚上，她在上床睡觉前把自己的衣服从衣柜里拿出来三遍。她来回换了好几件外套，还是不知道第二天上学时该穿哪件去才好。

当阿莱达的父亲拉希姆走进来看看自己是否能帮助女儿放松一下时，阿莱达问父亲第二天放学时是否可以来接她并且允许她放弃那门课（那门新的课后课程）。阿莱达的父亲意识到女儿的行为对她来说有些不正常。她之前很少为穿什么衣服去上学而犯愁，而且她之前一直非常渴望能参加那门课，但现在却要求放弃它。拉希姆专注于这些不寻常的行为并认真思考它们背后的原因。这就是"家长协助孩子做情绪调节"这句话的意思。

当拉希姆察觉到女儿阿莱达的情绪和行为发生了变化时，他主动帮助女儿调节。他意识到女儿对未知的新课程感到紧张。他得出结论：女儿可能是对上这门课程感到焦虑，因为这是一门她之前没有上过的课。父女俩交谈了一会儿之后，拉希姆建议阿莱达先只是参加一次，然后再决定是否要继续。

"让我们一步一步来吧，"拉希姆解释说，"我想你可能会喜欢这门课的。"

第二天早晨，阿莱达虽然还是带着轻微的担心醒来，但因为她爸爸建议她先去上一节那门新课，然后再决定要不要放弃，所以她感觉舒服多了。

这件事的结局是，阿莱达在当天的第一次尝试中非常开心，她想要继续上这门课。她父亲的支持帮助她克服了对新事物和未知事物的恐惧，使她能够参与进去并且接受了这门课程。她在学期结束的时候完成了自己的作品——一部完整的漫画小说。这让她感到自己浑身充满了力量。阿莱达还提到了自己一开始是多么担心，也提到了自己尽管担心但仍然坚持去上了课这件事让自己感到多么高兴。显然，这段经历一定会让她终生难忘的。

阿莱达在反思自己最初的担忧并意识到自己成功渡过了难关时感受到了自己的韧性。她的故事也许能使你想起你家孩子在开启一些新尝试时（无论是第一次在祖父母家留宿、为参加夏令营做准备、刚进入高中还是第一次在学校表演）的往事。甚至在孩子尚未真正开始参与任何这类活动之前，他们就会做出各种预想并怀疑自己是否能处理好或获得成功。孩子的这些预想会让他们对所有的未知情况感到担忧："我会在那里交到朋友吗？""如果我忘了台词怎么办？""如果我每次击球都被三振出局怎么办？"作为承担着锚点角色的家长，你可以帮助孩子叙述情况并讲出你对那种情况的看法，让孩子知道你理解他们的困境，以此来给孩子提供安全感。例如，你可以这样说："我知道你一定会交到朋友的，就像你过去在新的课外活动中交了很多朋友那样。我都等不及想听你介绍你的新朋友了。"或者"记住，每个人都有忘台词的时候。导演会在一旁帮你渡过难关的。"

　　这里的重点是，当面对一种新的或未知的境况时，孩子会质疑自己是否准备得足够好并且会产生越来越多的自我怀疑。他们不知道在不确定的境况中会发生什么。这会让他们感到恐惧和犹豫，导致他们缺乏动力去自己尝试。在这些时候，父母会忍不住介入并试图管理孩子的情绪。出于这份"好心好意"，父母很可能会过度保护孩子，从而夺走孩子成长的大好机会。

　　此时，我们这些为人父母的人应该停下来，在心里牢牢记住：这些充满担忧和矛盾的分离时刻，正在为我们的孩子提供测试他们自己的机会以及学习的机会。如果我们能这样想、这样做的话，那么我们就是在帮助孩子增强对自己主动性的自信。而这一点与韧性是密不可分的。

当我们一边鼓励孩子一边支持他们并承认他们的感受时，他们就会发展出自己处理困难局面的力量和能力。我们不要想着把孩子从恐惧的情绪中拉出来，而是要帮助他们经历并管理那些情绪。

给予孩子犯错的自由

孩子是从错误中成长起来的，这是他们学习过程中必不可少的一部分。事实上，年龄比较小的孩子并不会将造成事故看作是犯错，除非他们被告知那样做是错误的或者做某事只有一种正确的方法。

著名的瑞士认知发展心理学家让·皮亚杰写道：错误对儿童的学习来说非常重要，因为他们需要利用这些错误传达出的信息，来调整自己的思维并吸收新的信息，以理解事物的工作原理。

皮亚杰称儿童为"小科学家"。当我们站在一旁观察我们的小科学家时，那个小孩将会尝试许多不同的办法来将积木堆高、够到上层架子中的某个物品或者拼好一张拼图。当某个方法不起作用时，他们会找出新的方法。当孩子对自己说

"我想让塔变得更高一些，但是，当我把那块大积木放上去的时候，整个塔都倒了，所以现在我要试着放一块小点的积木上去，看看它是否能在塔顶待住"的时候，他们就是在学习。这种试错的过程激发了孩子的创造性思维和解决问题的能力，也支持了孩子对主动性的感知。

这和亲子分离又有什么关系呢？亲子分离意味着孩子要成为他们"自己"（独立的人），而成为"自己"则意味着孩子要有自己的思想、想法和为自己做决定的愿望。我曾多次访问过中国一些以"安吉游戏"为教学理念的独特学校，并在他们举办的以"真正的玩耍"为主题的研讨会上发过言。在那里，我亲眼看到了这种类型的思考和学习。

在倡导"安吉游戏"的幼儿园里，幼儿园的孩子们被给予了广阔的活动空间和自由，可以自行玩耍和学习。成年人会在旁边观察他们，但绝不去指挥或干涉他们。我在那里看到的孩子在合作、冒险、实验和解决问题方面的水平是我在美国从未见过的。那里的孩子被给予了玩耍和自主学习的空间，他们是通过挑战自我去学习的。

举例来说，在没有成年人制定的固定规则的情况下，孩子们反复多次建造起了结构精巧且体积庞大的攀爬架或坡道，然后让球和轮胎从上面滚下来。接着，他们逼自己把这套"玩具"弄得更复杂，并且通过改变在坡道上滚动的物体的角度或大小来测试地球引力。他们在搭建"玩具"的时候会犯错误吗？是的，他们犯了很多很多的错误。他们似乎把自己所做的一切都看作是在解决问题、进行令人兴奋的冒险以及对假设进行检验。

当成年人把所有的物品和空间都留给孩子们，让他们自己玩耍时，孩子们会争先恐后地出主意，并在决定如何改进他们正在合作的工程时一起进行密集的谈判、解决分歧和做出妥协。当我们给予孩子空间，让孩子自由探索且尝试不同的方法去解决问题并利用孩子的好奇心来激励他们学习的时候，我们就把孩子从认为做某事只有一种正确方法的二分法中解放了出来。

当我们的孩子苦苦挣扎或不慎跌倒的时候，作为父母的我们很难做到无动于衷、不参与他们正在做的事情、不"拯救"他们。我们想要做出一些补救措施。我们觉得如果自己这样做了，孩子就不会感到沮丧或不安了。但是，实际情况正好相反。我们很可能会剥夺孩子的机会，使他们无法停下来反思自己所做的事情、无法想出解决困境的新方法、无法对如何完成任务产生更多的创意，也无法干脆决定暂时放下这个问题下次再来解决。

我们对孩子的"拯救"传达出了一条强烈的信息：我们不相信孩子能自己处理他们犯的错误；错误会伤害到孩子，

因此是完全应该避免的事情。如果这就是我们想要传达的信息，那么我们就在不知不觉中破坏了孩子的韧性，使他们无法在跌倒后、失败后或事情没有按计划进行时重新振作起来。

我们学习的过程很少是简单直接、一帆风顺的。孩子有时能很快掌握一项技能或完成一项任务，有时则不能。不过，每当孩子开始着手一项新任务或尝试一项新技能时，他们都能从中学到一些东西。他们或者很快学会了如何用复杂的数字做乘法，或者学会了自己需要付出更多的努力才能学会用复杂的数字做乘法；他们或者在学外语的第一周就发现自己甚至连这门新语言的基础知识都很难掌握，或者刚刚相反，他们学习这门新语言时很轻松，一听就懂；他们或者在玩适合学龄前儿童的动物拼图时想到了一种新的快速拼好的方法，或者互相交换各自拥有的木制动物拼图碎片并将其变成玩具农场的一部分……

如果我们在孩子与困难做斗争时介入得太快，我们就有可能会在无意之中让孩子感到不安全。假设你带着你六岁的儿子去家附近的儿童游乐场玩。有一些孩子在你们附近玩游戏，但他们将你的儿子排除在外了。你看到你的儿子低头看着他自己的脚，也看到周围的孩子对他视而不见。

你担心地想：儿子会去接近那些孩子并和他们一起玩吗？那些孩子为什么不邀请他加入进去呢？我应该替儿子去找那些

孩子问问，要求加入他们吗？你可以这样进行干预，但如果你只是观察和等待的话，则可能会给你的儿子一个机会。

令你感到惊讶的是，你的儿子没有接近那些正在玩耍的孩子，而是走向了另一个孤独的孩子。这两个孩子很快就一起玩了起来。最终他们加入了更大的群体，和那些之前将他们排除在外的孩子一起玩了起来。你的儿子花时间用他自己的方法解决了问题，然后跑回来告诉你："爸爸，我交了一个新朋友！"

当我们给孩子留出空间让他们自己解决问题或跌倒后自己爬起来时，我们就向孩子表明了我们对他们的信任和信赖。在我们的幼儿中心常常会出现这样的情况：某个孩子穿不上自己的衣服。如果我或者任何一位老师在这时介入进去并为他穿好的话，他下次还是会穿不上。但是，如果我们只是帮他把外套下摆拉稳的话，我们就给他创造了一个机会，让他能够学会把外套的拉链拉好。

我还记得自己教儿子系鞋带的往事：对他来说，系鞋带这件事很难，会令他感到沮丧。如果我自己上手替他做的话，会快很多，他可能也更喜欢我替他做。我差一点就要动手去帮他系了，但我还是强迫自己忍住了（我用"咒语"提醒自己：让他慢慢系吧，他还很小），我只是在他身边陪着他，等着他。最后，他终于把鞋带系好了。他的脸上随之绽放了一个大大的笑容。尽管在孩子前进的道路上可能会有许多失败和挫折的时刻，但他们会在实现某个目标的过程中逐渐建立起对自我控制感的信心和韧性。

如果你看到孩子从踏板车或自行车上摔了下来，你可以观察一会儿，看看他们需要什么。他们可能会自己爬起来，然后又骑上车走了。他们自己解决了问题。或者，他们可能会匆匆瞥向你，因为他们需要你的帮助或只是需要看到你安慰性的微笑。你完全没必要急着冲过去帮忙。

如果孩子带着令人失望的考试成绩回家，你既不要批评他们也不要为他们找借口，不要说："你只是在考试那天太累了，仅此而已。"相反，你可以问问孩子关于考试的事情，抱着开放的心态去听他们说些什么。你对孩子做的支持性的交谈会向他们传达出这样的信息：学习是一个过程，不会总是如他们所愿。你可以主动提出和孩子一起复盘一下考试的内容。如果孩子同意的话，你可以问一些开放式的问题来帮助孩子意识到有哪些知识他们可能还没有完全学明白，或者，如果他们在考试前做了哪些事情的话他们的成绩可能会更好。

当孩子向你提起自己与朋友发生了分歧或冲突时，即使你觉得那些分歧和冲突是无法克服的，你也不要马上干涉或下结论。相反，你可以让孩子详细描述当时的情况，包括他们自己在分歧和冲突中扮演的角色以及他们对此事的感受。

你可以说出自己的观察结果、向孩子提问题并且好好倾听孩子都说了些什么。

当孩子在犯错后再次做出尝试时，他们会学到更多的东西，而不仅仅是如何正确地完成那一个任务。无论他们是想要解答一道复杂的数学问题、掌握一个新的物理概念还是学习如何读出新的词汇，他们为此做出的努力本身是有意义的，而且往往是会让他们受益的。得出答案本身并不重要，重要的是孩子会认识到学习需要付出努力和时间。这就是斯坦福大学心理学家卡罗尔·德韦克所说的成长型思维。

虽然目前关于某些成长型思维干预的有效性存在着争议，但德韦克的主要理论仍然成立。拥有或发育出了成长型思维的孩子会认为学习新技能、学习如何使用新材料或学习如何处理新情况都需要付出时间和努力。这些孩子相信自己能解决问题。他们知道在解决问题的过程中自己常常会犯错误，但自己总是会有成功的可能。非常值得注意的是，具有成长型思维的孩子能从他们自己的错误中学习，他们相信自己可以不断发展自己的能力，并且不会把挫折看作是失败的标志。

相反，表现出固定型思维的孩子会将错误或努力争取看作失败的标志，是他们应该避免的事情。这种想法会导致这些孩子逃避挑战，因为挑战可能会使他们犯错误。在这些孩子看来，努力争取没有什么好处，因为结果是无法改变的。

任意一件事情，他们要么知道，要么不知道，就好像他们被给予的智力总量是固定的，他们只能拥有那么多。

实际上，孩子的思维方式并不总是唯一且非此即彼的，他们可能会同时拥有这两种思维方式。具体采用哪一种则取决于多种多样的背景因素，包括任务的要求、他们当天的感觉、他们对该主题领域的态度以及他们感觉自己准备得有多充分。

不过，家长可以通过强调过程本身而不是结果来帮助孩子培养更有建设性的学习取向。家长可以通过关注孩子有多努力来促成孩子提高投篮命中率、完成五百块的拼图或学会如何骑自行车。作为孩子的父母，如果我们经常向孩子清楚地说明"达到目标通常需要时间和无数次的尝试"，那么孩子在努力但尚未成功的时候就不会感到沮丧。

当孩子决定离开一项具有挑战性的任务时，我们也可以对孩子说"没关系"。在令人沮丧的努力中，我们每个人都需要暂停，休息一下。关注孩子学习的过程也向孩子传达了这样一条信息：一场测试或一次挑战的结果没有那么重要，参与这个测试或挑战并在此过程中有自己的想法才是更重要的。

当我们作为父母不经意地批评或评判（我们通常是为了帮助他们才这样做的）孩子的失误、努力或失败甚至评论他们对某件事的看法时（"那块积木太重了，不能做塔顶，这是行不通的""你怎么又用那种方法骑自行车呢"），我们就是在发出这样的信息：我们认为这个孩子出了问题或者没有能力。孩子听到的将会是："你的主意、你的想法是不好的。你不能这样做。"

美国临床心理学家温迪·莫格尔把让孩子处于不舒服的感觉或情境中称为"有益的痛苦"。她说："孩子感到无聊、孤独、失望、沮丧和不开心是有好处的。"为什么呢？因为他们最终将不得不自己处理这些情绪。莫格尔继续说道："当我们在艰难的情况下进行干预以防止孩子感到痛苦时，我们就会令孩子产生一种反射——每当他们感到有任何的悲伤或困惑、沮丧或失望时，（他们就会相信）这种感觉会让自己活不下去。"这再一次要求我们（孩子的父母）审视自己，问问自己要如何看待让孩子经历这样的挑战和情绪。

居家常务

孩子成为家庭的一员也意味着与家庭成员分担责任、互相照顾和共同参与家庭事务。当家长想要培养孩子的责任感并在家庭日常事务中得到孩子的帮助时，常常就会提到"做家务"这个话题。让孩子参与家务劳动是很重要的。我提醒家长们不要把这些任务称为"家务劳动"，而应将它们称为"居家常务"或适合你们家庭的相关术语。

无论你的家庭是由两个人还是五个人（甚至更多的人）

组成的，共同投入和分担责任会使家庭团结起来，并让孩子培养出重要的社交技能，比如尊重和互惠（你会在第六章读到更多关于这种社交技巧的内容）。

创建一份"居家常务表"传递了"我们都在一起"的信息，并能教会孩子如何参与对群体有益的活动。虽然说创建怎样的"居家常务表"是由你来决定的，但是这里我还是想给你提一些建议。

你要先弄清楚都有哪些需要做的事情。比如，吃饭之前布置餐桌、吃完饭后把盘子收拾好放到水槽里、洗碗（如果孩子年龄足够大，就让孩子把餐具放到洗碗机里）、将垃圾扔到家门外的垃圾桶里、从家门外的邮箱处取回信件、清空洗碗机、折叠或收纳洗干净了的衣物、喂宠物或遛狗、给植物浇水。

家中哪些家务需要孩子分担是由你来决定的。在我小的时候，每当我们小孩必须选择一样家务时，我都会选用吸尘器扫地，因为我喜欢扫地。在决定了哪些家务需要孩子去做之后，你可以列出一张日程表或写下你的期望，即你希望谁在什么时间做完什么事情。

不同的家庭会以不同的方式分配居家常务。你可能希望家庭成员自主选择他们的任务或者自己制订计划。无论你采用什么方式，都要把家里的这些事务看作是每个人都必须参与的责任。

在分担家务的时候，既要让孩子学习到隐含其中的灵活性，也为他们提供相互配合及合作的机会。这些技能是所有孩子在家庭之外的生活中（在学校学习、毕业后工作、与他人交朋友、建立自己的家庭）都需要用到的。

根据我的经验，孩子喜欢参与家务劳动和承担责任，尤其是当他们觉得自己正在参与成人世界的时候。年龄小一些的孩子可以用小扫帚或小块儿的抹布来做家里的清洁工作，让自己"像妈妈或爸爸一样"或"成为大孩子中的一员"。像成年人那样行动会让孩子感觉自己很有力量。

当我的几个儿子到了上学的年龄时，我们决定是时候让他们每个人都多做些家务了。在那之前，他们已经能做到洗自己吃饭时用的盘子以及把自己的脏衣服放进洗衣篮里。他们也会在每天早晨整理自己的床铺（有的孩子会把被子叠起来，有的孩子会把被子平铺在床上，我让他们自己决定用什么方法，并保证不对他们的做法发表意见或评判）。和你们许多人一样，我们家里的家务事也很多。所以我做了一张图表挂在墙上，上面写着每天要完成的三项任务（吃饭前摆桌子、上菜和擦桌子、把洗碗机里面的餐具拿出来收好）。每天每项任务的后面都写上了不同孩子的名字，勉强称得上是一张轮班表吧。我可能灵活而清晰地表达了我明确的期望。不过，我的做法于事无补，几个孩子还是为谁该做什么、该哪天做，该做多少天而争论不休。

最后，两个年龄大一些的男孩说："妈妈，你编的图表根本不合理！让我们自己来做吧！"然后，他们就自己做了张表。他们想出了一个三个人都赞同的安排，完全没有征求我的意见。之后，我看到的就是每天吃饭前桌子就摆好了，吃完饭后盘子也会被收拾干净，洗碗机会被装满又腾空。孩子参与居家常务的习惯养成了。他们说出并展示给我看的是我之前忽略的东西，即他们想要在如何参与和分担家庭责任这件事上有自己的发言权。通过被赋予这种"权力"，他们承担了更多的责任，即使他们其实并不喜欢做这些家务。他们一旦开始体会到这种主动性的力量，就永远不会停止了。

居家常务就像每日例程（把鞋子放在鞋柜里，把外套挂在挂钩上，把脏衣服放在洗衣篮里，把脏盘子放在水槽里，等等）一样，一旦我们每天都做，我们就会愿意每天都做。你可以先确定哪些家务需要分担，然后让你的孩子自己决定参与到哪项家务中去。

居家常务给孩子提供了承担责任、照顾自己和家庭成员以及独立自主的体验。随着孩子的成长，所有这些技能都可以转移到外部世界中去。虽然他们可能会抱怨或试图通过谈判来逃避做家务，但如果你设置的期望是明确的，他们还是会顺从的。信不信由你，做家务也可以变得非常快乐、有趣和好玩。

你可以先从建立以下这些居家常务开始，它们都是与孩子自己照顾自己相关的。你可以自行选择一部分这类家务来设定你对孩子的期望：

- 整理他们自己的床
- 把脏衣服放到洗衣篮里（不要丢在地板上）
- 早上刷牙和晚上刷牙
- 把浴巾挂到浴室里
- 把玩具（至少一部分玩具）或学习材料收纳好
- 把洗干净的衣物叠起来或收纳好
- 保持房间的整洁
- 洗衣服（或协助大人洗衣服）
- 打扫院子、把院子里的落叶扫成堆或下雪后把门前的积雪铲干净

我承认，有时候我们很难抗拒自己做家务的冲动，因为这样会花更少的时间，或者因为你不想再听到孩子的抱怨，又或者你只是不喜欢你八岁孩子叠衣服的方式。请记住，当你允许你的孩子参与做家务时，你就是在给他们一个承担责任的机会，让他们感觉自己是家庭的一部分。你要尝试让孩子按他们自己的方式去做家务，不要对他们的方法做出负面

的评论。我向你保证，孩子有一天会应付自如的。责任和韧性是相辅相成的。孩子承担责任的机会越多，他们的责任心就会越大。此外，这也让孩子又向独立迈出了一步。

羞耻感是如何干扰孩子发挥主动性的

作为家长，我们并不总是支持孩子发挥主动性或竭力争取独立。我们会通过很多方式在无意中阻碍孩子发展他们的独立性：我们会努力成为孩子的朋友并忘记我们是孩子的父母，而孩子需要我们来为他们设定边界；我们会向孩子发出复杂的信号，告诉他们我们认为他们能独立到什么程度；我们会事无巨细地管理他们或者过度控制他们；我们会黏着孩子，要求他们哄我们开心或者让他关心我们的感受；我们会希望孩子永远是个小孩而忘记他们需要长大。不过，也许我们干扰孩子不断增长的自我意识和能动性的最有害的方式是让他们感到羞耻，即使我们当时并不想故意羞辱他们。

羞耻感与孩子自然萌发的自我意识是相悖的，会削弱孩子形成核心意识（即他或她是谁，或者那种他们自己有主动性、能影响周围环境的感觉）的能力。羞耻感会给孩子灌输一种自我怀疑的观念。你可能想知道为什么家长会羞辱自己的孩子——那个他们所爱的人。

大多数时候，家长并没有意识到他们正在这样做。没有任何一位家长会以阻碍孩子成长为目标。他们不知道自己对孩子说话的方式、让孩子感到尴尬的言语或者试图控制或批评孩子的行为会引发孩子的羞耻感。对孩子来说，内心充满羞耻感这件事是很难克服的。父母的过度努力（想将孩子的每一个行为都当作教导孩子了解这个世界的机会，或者"全是为了孩子好"）会破坏孩子稚嫩而脆弱的自我意识。

请想一想你曾经是否做过这样的事：你曾经是否以一种不太积极的态度评论或批评你孩子的服装选择？你是否曾经在其他家长面前谈论你的孩子，就好像他当时不存在一样？甚至，当你讲述关于他的某个有趣故事时放声大笑？

我们都可能在某个时候这样做过。不过，能意识到这种"侵犯"是如何发生的将会对你留意自己的行为大有帮助：

- 你有没有当着孩子的面怀着爱意小声地对你的配偶或好朋友说起孩子从床上滚落下来的事情？或者，当着你八岁孩子的面对别人说起他晚上仍然偷偷溜上你的床？

- 你有没有当着你三岁孩子的面漫不经心地向他的老师或其他家长暗示他还控制不了大小便？

- 你有没有在孩子能听得见的情况下向朋友提起她因为混淆了词语的意思而说过什么有趣的话？你有没有在孩子就在附近的时候，小声向朋友说起他偶尔会口吃，而你认为他已经四年级了不应该再口吃了？

- 当你知道你九岁的孩子又尿床了而你必须再次帮他换床垫的时候，你有没有在转身去他卧室的时候恼怒地看向他？
- 你有没有对你的孩子说过："你现在是个大孩子了，你不能再这样做了？"
- 你有没有因为所谓的"幼稚行为"而讽刺或取笑你的孩子？或者，当你十六岁的孩子让你陪他一起去看牙医时说："你都这么大了还要大人陪？你真的自己去不了吗？"

通常，这种不经意间对孩子的羞辱源于我们自己未被他人（父母、其他照顾者或其他成年人）认可的愤怒、羞愧、自我怀疑或者对自己的不满。我们将源于自己经历的这个包袱背负在身上进入了自己为人父母的角色。这里的风险是，当我们说了一些直接或间接让孩子感到羞耻或尴尬的话时，我们会让孩子感到难过、感到自己不如他人、为自己感到羞愧，从而危害了他们的自我认知。在他们的自主意识中会开始出现自我怀疑，并且产生诸多的"孔洞"。

我们没有解决孩子拒绝从婴儿床搬到儿童床上去睡觉的潜在原因，而只是坚持说他们已经是大孩子了应该去睡儿童床了（否认他们自己觉得自己还很小）；我们没有去认可孩子狂笑、尖叫背后的潜在原因，而只是说"你这么做真傻"；我们没有意识到我们的青少年对自己可能长了蛀牙感到紧张所以总是拒绝去看牙医，而只是说"别像个小孩似的"。我们的话语很有力量（有关如何避免羞辱孩子及学会接纳孩子的进一步讨论，请参阅第七章）。

羞耻感还会阻止孩子尝试新事物，或者阻止他们在需要帮助的时候寻求他人的帮助。我需要再次强调，虽然大多数父母并不是有意要干涉孩子走向独立，但是父母有责任意识到自己所使用的语言和其他沟通方式，可能会无意中传达出对孩子的评判和批评，或者造成对孩子生活的过度参与。

我常常喜欢对为人父母者做出这样的提醒：你们必须相信孩子会正常地成长和发育。小孩子的成长发育需要时间，我们青春期的孩子也是一样。有哪个小孩子不想脱下尿布或拉拉裤去取悦妈妈或爸爸呢？有哪个十八岁的孩子不是急于向父母表露出自己对离开家去上大学或高中毕业后的下一步生活的期待（但他们同时也需要知道自己对离开家的生活有所担心是正常的）呢？他们最终都会长大的。

"你"因素

你要留意自己对"孩子变得越来越独立"这件事的感受，尤其是当孩子继续需要你、但需要你的方式发生了变化的时候。为人父母者会体验到自己内心的纠结：我们希望孩子长大并且变得独立，但孩子远离我们的这种举动会让我们感觉像是自己正在失去他们。

随着孩子的成长，我们肯定都会经历这种悲伤和哀愁。我们希望孩子与他们的朋友越来越亲近，但同时我们自己可能会感到不舒服，就好像我们的地位正在逐渐被孩子的朋友取代了似的。当孩子选择花时间与朋友（而不是我们）在一起或参加他们自己的活动时，我们可能会担心在孩子小时候我们花了那么多时间与他们待在一起而建立起来的亲密感会逐渐减弱。事实上，当许多家长意识到"培养独立性强的孩子"这个目标意味着孩子可能不再像以前那样需要自己或想要待在自己身边时，他们的确会有很多抱怨。

那么，我们如何顺利度过这种逐渐释放责任的过程而不被自己的情绪所阻碍呢？我们该如何在后退的同时继续保持对孩子的关注呢？我们可以想着把我们与孩子联结到一起的那条线，接受我们与孩子之间的亲子关系永远是一种有时靠近、有时远离的动态关系。

这种动态变化可能会越来越复杂。很多时候，家长的需求与孩子的需求会发生冲突，而这类冲突常常会暴露出家长的矛盾心理。我们应该对自己的感受保持开放的心态并且与孩子进行开放式的沟通，这是非常重要的。下面的例子可以证明这一点：

梅瑞迪思正在上大学的十九岁女儿娜雅打电话来说周末

要回家看望她。虽然梅瑞迪思很高兴女儿能来看望自己，但是这个周末她已经早早安排好了自己的社交计划。作为一名单身母亲，梅瑞迪斯正享受着女儿娜雅离开家去上大学之后的自由，但同时，她也怀念女儿围绕在自己身边时的那些日子，她还没有很好地适应这种状态。当娜雅告诉梅瑞迪思自己周末要回家的计划时，梅瑞迪思感觉很为难。她没有告诉娜雅自己周末大部分时间都早就安排好了。她做了个假设：娜雅回家之后会有她自己的活动安排。

随着周末在母亲繁忙的活动中渐渐过去，娜雅变得越来越易怒。她对母亲发脾气、说讥讽母亲的话。很显然，娜雅非常生气。最后，娜雅抱怨说这个周末自己根本见不到母亲，母亲似乎完全没有时间和自己待在一起。梅瑞迪思听到女儿这样说后立即为自己辩解道："但是，我事先并不知道你要回家啊。我周末的计划是早就安排好的！"在内心里，这位母亲也十分恼火，她心想："难道我没有权利做自己的计划吗？别忘了，你现在去上的大学离家那么远。而且，实际上，我是一个人把你养大的啊。"梅瑞迪思感到恼怒和悲伤的情绪交织在了一起。

娜雅回答说："那你为什么不在我回家之前就告诉我你很忙呢？我原本可以改变计划不回来的。"

梅瑞迪思突然意识到娜雅也做出了假设（女儿假设自己

没有任何个人的周末计划），她对娜雅说："有你在家里我总是很开心。我想你。我怕我说我有其他计划你就不回家了。"

"但是，你至少也给我一个机会，让我自己决定回不回来吧？"

梅瑞迪思后退了一步。

"你说得对，是我考虑不周。我几乎都是在为自己着想。我只想着自己希望你回家。对不起。下一次，我会提前告诉你我将要做什么事。"

在这个例子中，有两组需求，其中一组需要沟通，而另一组则不需要。娜雅想回家和妈妈待在一起，但她没有提前表达出这种需求。也许对娜雅来说，说出在自己的生活中需要有"妈妈时刻"是一件很困难的事，因为她觉得自己已经上大学了，行为处事应该更像个成年人。

事实上，她每周末从大学回家时通常也都是和朋友们在一起。她的母亲梅瑞迪思也有着自相矛盾的需求。一方面，能见到女儿让她兴奋不已，另一方面她也很反感女儿认为自己会为了母女相见而放弃一切。但可能更重要的是，梅瑞迪思意识到，她很难适应娜雅永远不再住在家里的生活。走向独立的每一步都是一种艰难的过渡，对孩子如此，对家长也是如此。

她们两个人谁也没有与对方沟通要按怎样的先后顺序来

处理这些有冲突的需求（两人待在一起以及她们各自做自己的事情），这就导致她们伤害了彼此的感情。

这里的重点是，随着孩子的成长和逐渐获得独立，家长也必须意识到自己的情感纠结。她们在娜雅生命的前十九年里奠定了很好的母女关系的基础，这使得她们有能力在沟通失误和感情受伤之后重新走到了一起。

谢天谢地，分离是一个双方共同参与的过程，父母和孩子会一起在这条道路上并驾齐驱。在这里，我想提醒家长们几件事：

- 庆祝孩子独立的时刻，也庆祝与孩子团聚的时刻。
- 关注与孩子亲密接触和相互依恋的时刻。
- 用叙事来架起桥梁："当你还小的时候……""我还记得那时……"
- 及时觉察自己对孩子的复杂情感。既可以为他们的成长感到骄傲，也可以为他们不再是小孩子了而感到忧伤。能够觉察到自己的忧伤，让你有能力去拥抱孩子的下一个阶段。

帮助孩子获得自由（独立的一部分）是为人父母者的长期目标。信任、失误、支持以及对"为什么自己很难放手"的自我觉察，都是帮助孩子走向独立的过程之一。

需要进行反思的问题

当你深入思考自己应如何经历孩子与你分离并发育出他们自己的主动性的这一过程时，请想一想以下的这些问题：

- 你是在怎样的家庭中长大的？你的原生家庭是专制的（严格的）、放任的、不参与的／忽视的或者权威的吗？
- （在你小的时候）当你违反规则时，你受到过惩罚吗？或者你曾因为没有遵守规则而感到过羞耻吗？
- （在你小的时候）如果你做错了事情会怎样？曾有人鼓励你从错误中吸取教训然后再试一次吗？你曾因为做错事情而被嘲笑或惩罚过吗？那对你来说是种什么样的感觉？
- 在你成长的过程中，你在家里承担了哪种家务和责任？回忆一下你喜欢或不喜欢的部分。
- 你是否因为在学校表现不好或没有达到父母的期望而受到过羞辱或评判？回想一次具体的经历以及那对你来说是种什么样的感觉。

- 你的父母曾经在某种程度上让你感到失望吗？那对你来说是种什么样的感觉？
- 你能回忆起某个自己被鼓励去尝试新事物的时刻吗？那次经历让你有什么感受？
- 你对自己的孩子成长、变得独立以及他们需要与你保持更远的距离有什么感觉？觉察自己积极的情绪以及消极的情绪。

第六章
支柱四：与他人联结

在之前的章节中，我们已经以各种方式讨论了联结的重要性：从依恋和分离，到适应孩子的需要，再到倾听、拥抱、安慰和安抚的力量。你与孩子关系的本质是建立在情感联结的基础上的，这种情感联结我们称之为爱。

不过，深入细致地了解这种联结有多重要以及为什么重要，对于帮助孩子发展韧性的另一个维度来说至关重要。这个维度就是孩子与他人联结以及社交的能力。毕竟，没有人希望孤独地生活。我们的孩子在社交环境中越自信，他们与他人以彼此信任的方式相处得越舒服，他们就越有可能在自己需要的时候寻求他人的帮助和支持。善于寻求帮助是体现孩子整体韧性的一个重要方面。

我们都希望自己的孩子能与他人相处融洽、建立互相信任的友谊、自我感觉良好（被别人喜欢且在社交过程中被他人接纳）、当冲突出现时能与兄弟姐妹及同龄人一起解决问题。孩子将在社交关系中持续不断地发展自尊心、同理心以及表达不同意见、解决冲突和进行自我修复的能力。

帮助他人与寻求他人的帮助

当家长紧张不安或生气难过地来找我，询问如何帮助他们的孩子应对生活中非常复杂的社交问题（尤其是与同龄人的相处）时，他们的焦虑往往源于无法完全理解为什么在孩子的生活中社交如此重要。他们能理解孩子需要朋友、必须与他人相处，但却常常搞不清楚为什么这件事那么重要。换句话说，如果他们的孩子在其他方面做得很好，在学校表现也良好，那孩子没有交到好朋友或者被其他人冷落又有什么大不了的呢？

在最基本的层面上，社交是与学习相关的。幼儿可以自己玩，而且需要有充足的时间自己玩。然而，当他们和其他孩子一起玩时，玩耍就增加了丰富性和复杂性，使得他们可以更深入地学习。社交需求促使孩子以更加专注、更加细致的方式进行自我调整与学习。玩耍、合作、协作、妥协、解决冲突、分享、轮流、交流和采纳他人的观点等都是孩子天生的社交技能，它们可以增强孩子对事物的理解并优化其大脑的发育和功能（包括学术学习及保持专注的能力）。所有这些技能使孩子能够在他们周围的世界中了解自己和他人。不知道如何与同学和同龄人互动不仅使孩子无法建立友谊，还使他们无法从重要的学习领域中受益。

这种将他人视为独立的人并借由他人去了解社交世界如何运作的意识被称为社交认知。随着孩子的长大成熟，他们会在与他人共存的情境下意识到自己的感受、思想、欲望和动机。与同龄人的社交互动及其体验使孩子们逐渐明白，别人会有与自己不同的感受和想法。他们于是学会了（有时是通过试验和犯错学会的）在某些特定的情况下该如何应对才是最好的，比如什么时候可以大声说出自己的想法，或者如何在不完全放弃自己想法的情况下进行妥协。孩子需要我们成年人指导他们去理解何时需要认真倾听对方、如何做才能结交到新的朋友、如何选择可靠的朋友群体以及如何在自己与他人之间建立健康的边界。

与同龄人互动及参与社交活动也有助于孩子发展我们所说的亲社会行为。当孩子有能力看懂他人的暗示并在乎他人的感受时，他们才会想到要去帮助和关心他人。当一个孩子在操场上摔倒了，另一个孩子走过去把他扶起来时，他就是在展示亲社会行为。其他体现亲社会行为的例子还有：看出另一个人正在伤心难过并上前询问自己能帮上什么忙，或者一位青少年主动提出把自己的英语课堂笔记分享给因生病而缺课的同学，又或者晚饭后自愿打扫厨房地板或给年迈的祖母打电话。

作为家长，我们可以向孩子传递这样的信息：帮助别人和寻求他人的帮助都是有价值的。你每天都在你们的亲子关系中这样做着：你给孩子提供照顾、安慰和支持而不去评判他们的需要。为孩子树立寻求他人帮助的榜样同样很重要，你可以向孩子示范你在需要时会寻求他人的帮助。我们要让孩子知道寻求他人帮助是一件好事，这一点非常重要。事实上，教育研究早已证实，那些"善于寻求他人帮助"的学生会比其他学生更可能获得成功。我们有责任向孩子传达这一理念，并通过自己的行动表明，寻求他人帮助是积极的而不是一件需要感到羞耻的事情。这样，我们的孩子就既能独立成长，又知道何时以及如何向他人寻求帮助了。

给予他人帮助和接受他人帮助是彼此相反的过程。当家长示范如何轮流做事、如何慷慨大方以及如何分享时，孩子就在学习如何轮流做事、如何慷慨大方以及如何分享。当我们示范善待他人（包括我们的孩子）时，我们不仅向孩子传递了我们的价值观，还为孩子提供了一个将这种生活方式带入他们所生存的世界的机会。

不过，在孩子发育成熟、准备好与他人分享之前就强行要求他们分享是会事与愿违的。大多数孩子直到三四岁才会有强烈的自主意识，才能真正准备好与他人分享。但是，这并不意味着父母应该停止示范这些亲社会行为，渐渐地，孩子们将以父母为榜样自己去做这些事情。

科学家们将这类帮助他人的亲社会行为与儿童和成人主要受自身需求驱动而帮助他人的行为区分开来。亲社会行为有利于他人，也有利于我们自己。在神经生物学的层面上，我们天生就会做这种行为，因为个体依赖于更大的群体来生存，而群体则是由个体组成的。

加州大学洛杉矶分校的社会神经学家马修·利伯曼和其他人一起进行的共同研究论证了利他行为是如何与一个巨大的神经通路网络联系在一起的。这个网络最终会给我们带来良好的感觉，释放催产素和多巴胺，同时建立乐观的、亲社会的情感。有趣的是，催产素和多巴胺（即所谓的让人感觉良好的激素）正是母亲在照顾婴儿时释放出来的两种激素。生物学家把这对激素称为依恋激素。它们能够加强母亲和孩子之间的早期依恋。换句话说，帮助别人这种行为会让人感觉良好，并且起到满足个人需求和与他人社交的双重作用。

虽然我们早就知道，儿童的发育总的来说是一个社交的过程，而且这种社交是从最早的对主要照顾者的依恋开始的，但是近年来神经科学家进一步定义了儿童社交的重要性，阐明了它对儿童的终身发展如此关键的原因以及它与韧性的关系。具体来说，认知神经科学家在研究社交行为时使用了FMRI[⊖]的方法来解释我们大脑中的心理和情绪机制。这种机制是通过我们最早的人际关系经历（例如，父母与孩子的关系）形成的，它使我们能够在社交世界中"漫游"并构建了我们"漫游"的方式。这项令人兴奋的研究揭示了依恋系统的神经生物学原理，表明了依恋系统不仅是我们如何解释和响应他人需求的基础，而且还对我们有着终身的影响。

例如，社会神经学家利伯曼指出："我们在婴儿期与照顾者分开时导致我们哭泣的依恋系统同样会导致我们在长大之后（为人父母时）对自己婴儿的哭声做出反应。"依恋的这种机制是如此强大，以至于它会在代际间不断延续。

利伯曼还从理论上指出，这种与生俱来的社交机制的力量在很大程度上使人类大脑不断进化（容量增大）成为可能。基于人类对社交的高度需求而开发出的新的神经连接和大脑通路使人类的大脑体积增大，这是一个大脑形态追随大脑功

⊖ 即磁共振脑功能成像，指通过刺激特定的感官引起大脑皮层相应部位的神经活动并通过磁共振图像来显示的一种研究方法。——译者注

能的有力例证。那么，这对于理解你的孩子以及他们韧性的发展意味着什么呢？

同理心和同情心的根本

当孩子学习这些亲社会行为时，他们就理解了其他人的想法和感受与自己有所不同。正如前面几个章节所讨论的那样，这是以他们首先建立起并巩固好与父母分离的自我意识为前提的。

我是这样看待孩子的：他们会从"父母－孩子"的亲子关系中走出去，越走越远。他们会在内心带着爱的纽带和安全感，把眼睛越睁越大，去看看他们的世界中除了父母还有谁。正是从此时开始，孩子会将"其他人"视为个体，开始了解"其他人"是谁，渴望与"其他人"在一起及与"其他人"互动。

正如你很可能会想象到的那样，有些时候孩子更关注自己的需求，而有些时候他们会更有能力关注他人的需求。你四岁的孩子也许某一天在想和弟弟一起看电视而弟弟想和自己一起玩乐高玩具的时候和弟弟一起想出了一个解决方案，但这并不意味着另一天当他们争辩该由谁来决定下午干什么的时候会彼此妥协。孩子需要在满足自己需求和满足他人需求之间去寻找平衡。不寻求他人帮助而只为他人提供帮助会导致过度付出，并养成一种将他人需求置于自己个人需求之上的习惯。反过来，过于自我则可能会产生其他问题，比如不断地需要他人的认可。我们的目标是两者兼得：让孩子既具有给予他人帮助的能力，也具有满足自己需求的能力。

随着将"他人"视为独立个体的理解力不断地增长，孩子会渐渐掌握一种被称为"心智化"的（想象他人的想法或感受的）非常重要的能力。这种能力（人们通常认为这种能力会在孩子四岁左右时发育得更好）包括能够想象另一个人的心理活动，并将其视为与自己的心理活动不同。

心智化的能力使儿童能够根据另一个人的行为、面部表情或非言语线索推断出该人的心理活动或情绪状态。这种能力不仅有助于孩子学习如何用同理心对待他人、如何对他人怀有真诚的同情心，还有助于孩子更清晰地定义自己。孩子需要与他人进行这种对比，以了解自己与他们生活中的其他人有何相似或不同之处：

"肖恩和我都喜欢玩游戏机。"

"莫拉和我都喜欢把指甲染成带有绿色斑点的蓝色。"

"雪莉和我喜欢在蹦床上跳，但是卡罗琳娜不喜欢。"

"我姐姐喜欢早餐吃加糖麦片粥，但我不喜欢。我爱吃烤面包片。"

孩子们试图在与他人的对比中确定自己是谁，这促进了他们对他人的理解以及不断增长的自我意识。能够在与他人的对比中理解自己，可以让孩子了解到自己的优势，并将自己视为可能与他人不同的独立的个体。这种自我意识最终支持他们在面对自己与他人不同但并不比他人差的感觉时发展韧性。正如你将在下一章所看到的那样，自我意识使孩子形成清晰的自我身份认同及自我接纳，这都是孩子在面对障碍、危机或不确定性时能够保持韧性的基础。

如何向孩子示范社交技能

作为父母，你可能会以为孩子凭着直觉就能学会社交技能。你也可能会假定，孩子越来越独立就意味着他们已经掌握了在任何社交场合中该如何倾听、如何行为得当、如何同他人分享与合作等方面的知识。你可能会认为，随着时间的推移，他们将自动发展出且自动提高这些技能。然而，儿童通常需要成人明确的"鹰架支持"⊖和指导才能发展、实践和深化这些社交技能。

青春期前的儿童、青少年和年轻的成年人也都会在需要处理强烈的情绪和应对复杂或新奇的社交场合（包括与他人

⊖　鹰架支持是指儿童在学习一项新的概念或技巧时，成人通过在其能力的最近发展区提供足够的支持来提高其学习能力。——译者注

建立恋爱关系、进行工作面试、身处职场以及其他更正式的社交场合）时从我们的帮助中受益。

许多大学（包括我自己度过学术生涯的学校）会在学生即将迈入成人世界时为他们提供这种"鹰架支持"。我们通过模拟面试帮助学生为将要面临的工作面试做准备，让他们从感性上认识自己应该期待什么、应该如何回答一系列可能会被问到的问题以及应该如何与面试官互动。我们甚至会指导学生在面试当天应该穿什么样的衣服。我们还会举办一些工作坊和研讨会，指导学生如何在工作环境中呈现得体的行为举止、如何与团队成员互动以及如何处理自己与主管领导或同事之间发生的冲突。

与此类似，我自己每年都会开办一门为期一年的儿童发展强化课程。在该课程的教学中，我会指导学生如何在比较小的群组中工作。虽然这是他们课程作业的一部分，但我会把这种集体活动看作是学生为进入成年人生活而做的准备。从广义上来说，这是一个机会，让学生可以学到在与他人谈判、建立共识、倾听他人并被他人倾听时需要用到的宝贵技能。

我们也在我督导的儿童发展中心采取了类似的方法。当学生助教开始与孩子们一起工作时，主讲老师会给他们提供明确的指导：什么时候到达教室，为什么"每个环节都要准时开始、准时结束"这件事对完成一天的流程来说很重要，如何与他们的队友合作并相互支持，如何寻求他人的帮助，如何与家长沟通，以及他们必须要做好哪些事前准备和事后清理的工作。这些具体的细节是学生助教的工作指南，让这些年轻人知道别人期望他们做出怎样的行动。这样，他们才能在新环境中站稳脚跟，放手去了解儿童是如何发育发展的。

退一步想想，你可能会意识到我们所有人都将在某些时候需要这样的指南：别人对我有什么期望？我该如何处理这种新情况？在这份新工作中，人们有午餐休息时间吗？午餐休息何时开始、何时结束？

我们有时会忘记，即使是年龄大一点的孩子也需要我们继续对他们进行指导，教他们与社交相关的技能，告诉他们社交活动中别人会希望他们怎么做，尤其是当他们第一次进入更成人化的环境中时。

因此，当你思考自己该如何为孩子做上述这类指导的时候，我们会再次从你与孩子的亲子关系入手。你与孩子之间的互动、你对孩子表达出的善意、你给孩子设定的限制以及你对孩子需求做出的回应，都是在教他们如何去对待他人以及期待自己如何被他人对待。在此基础上，还有无数更"刻意"的方法，能让你在与孩子的日常互动中帮助他们提高社交技能。

我在下面的列表中提出了多种方法。你可以在自己日常对孩子的指导基础上应用这些方法来进一步提高孩子的社交能力。虽然有些建议对你来说可能早就耳熟能详了，但我总还是想提醒父母：孩子会从明确的指导和大量的重复与练习中受益。请主动这样去做，让它成为每日例程和居家常务的一部分：

- 角色扮演。在教授孩子社交技巧的同时让孩子享受到乐趣。学习这些重要的技能并不一定要烦琐而严肃。方法之一是给孩子们设定一个场景，让他们通过角色扮演来练习在不同的或他们从未遇到过的社交场景中与他人互动。四岁以上的孩子通常会很喜欢这个。你可以设定一系列不同的策略和结果来帮助孩子感觉自己有能力处理好各种境况且有能力进入新的境况。

  角色扮演可以增强孩子的自信心，对常常犹豫不决、紧张焦虑或慢热型的孩子来说尤其有效。在角色扮演活动中可以关注的技能包括轮流做事、共享和分享、与其他孩子一起玩耍、解决问题和处理冲突（比如你可以对孩子说："你和三个朋友在一起，计划搭建一个建筑物。你们每个人都有不同的想法。让我们把这件事演出来吧。"）以及适当地表达情绪（比如你可以对孩子说："让我们来假装你最喜欢的饼干吃完了，你因此很生气。你能用哪三种方法来让别人知道你很生气呢？"）。

　　孩子表演完毕之后，你可以引导孩子回顾刚才的表演。场景中哪个人传达了什么样的情绪、如何才能更好地彼此沟通以及为什么要更好地沟通。另一种角色扮演的场景也很不错，即假设孩子朋友想要的东西与孩子想要的东西完全不同或正好相反。你可以和孩子一起寻找所有可能的解决方案。不要只关注哪一种方法最正确，而要帮助孩子想出几种可能的结果。你可以问孩子："你为什么觉得这样做是可以的呢？如果你这样做，你的朋友会有什么感受呢？"

　　角色扮演的目的是让孩子体验在不同的场景中解决问题并从与自己视角完全不同的角度去看待问题。你可以让孩子们把这些演出来并同时从中获得乐趣。

- 示范良好的社交技巧。还是那句话，你是孩子最好的榜样。当你对当地杂货店的售货员或餐馆的服务员表现出礼貌和尊重时，孩子会观察并学会应该以尊重的态度与他人互动、对待他人；当你和伴侣在晚餐吃什么的问题上产生分歧并最终达成一致时，孩子会观察并学会冲突应该如何解决；当你为一位在医院接受了住院治疗后刚刚回家的邻居做饭时，孩子会观察并学会在需要的时候如何表现出对他人的关心。所有这些都是孩子从对你的观察中学到的。

- 编故事，讲述真实的故事，或者使用关注社交情境和情绪的绘本给孩子讲故事。这些故事可以帮助孩子理解比较难以应对的情况，理解什么是他们可以（和不可以）做出的行为以及为什么可以（和不可以）那样做，理解怎样进行换位思考以及如何有效地开展社交活动。

你可以向孩子询问图书或视频材料中的某个故事角色感受如何，或者某个故事角色在面对某种情况时可以做出哪些与故事中所描述的情节不同的反应。你可以把这些例子和孩子自己的生活联系起来，比如："这听起来和你的朋友基冈放学之后不想跟你见面那件事差不多，你还记得你当时是什么感觉吗？"

青少年文学通常会涉及处理友谊中的冲突，这为你提供了一种影响大孩子社交方式的方法。你可以和你家的大孩子聊聊他们正在阅读的书或正在观看的视频以及他们对其中部分内容的看法。即使在书籍、视频或故事中已经解决了一切问题，你仍然可以询问孩子是否还有其他的解决方法、故事中的角色是否有可能做出其他的反应。你们甚至可以深入探讨一些不合理的方案，从而让孩子明白为什么考虑所有的可能性很重要。

当你与孩子共同进行这类讨论时，你可能会对孩子正在思考的问题感到惊讶。不要将"与孩子讨论"变成责骂、批评或评判孩子。你之所以要与孩子讨论是因为你想更多地了解他们的社交世界并为他们提供支持和指导。记住这个诀窍：你听得越多（且不觉得有必要纠正孩子），孩子说话的意愿就越大。

- **和孩子一起玩一些需要团队合作的游戏。**游戏能教会孩子很多重要的技能，如轮流做事、共同建立和遵守规则以及为实现共同的目标而合作。你可以跟孩子一起玩一些有趣的、需要合作的游戏。这类游戏可以是达成一个共同的团队目标（例如，找到一个隐藏好的／丢失了的宝藏），也可以是一种类似密室逃脱的、全家人必须合作才能找到出路的活动。在游戏中，即使玩家之间是非竞争性的，他们仍然需要作为一个团队在决策、方法或团队行进路线上达成一致，这样就可以培养孩子与人谈判、灵活处事及与人合作的技能，而所有这些都是在快乐的环境中进行的。你甚至可以试着和孩子一起做一些看似无聊的团队合作的活动，比如画曲线：一位家庭成员在纸上画一条曲线，另一个人在这条线上画出自己的曲线（可以尝试画不同颜色的线），然后另一个人再画…… 一个有趣的、富有创意的形象出现了，这是一件由家庭成员共同创作出的作品。所有年龄段的人都可以参与这个游戏。一旦作品完成，你们就可以给它命名或者编一个与它相关的故事。你首先要把重点放在让孩子享受乐趣上，其次才是有意识的技能培养。

- **有意识地、明确地去教授孩子有效的沟通技巧。**例如，口头提示孩子你正在扮演积极倾听的角色（"我在认真听你说话，你能告诉我更多一些吗？"）。为了帮助孩子提高倾听与沟通的技巧，我鼓励你与孩子在一起时尽量不要使用手机或其他电子设备。因为这些设备会让你与孩子在一起时心不在焉或分散你对他们的注意力。高科技与我们的生活牢牢地交织在一起，我们需要意识到它何时会干扰我们，让我们无法对孩子保持关注。

你支持孩子去倾听他人的观点也有助于培养孩子的沟通技能："你的朋友要你好好听她在说什么。你看看是否可以停下来认真听她说话。听起来她好像不想玩那个游戏。"

你要帮助孩子在尊重他人的前提下自信地表达自己："你可以告诉他你不喜欢那样。""你可以叫她停止。""你的朋友那样做让你有些不开心。你想对他们说些什么，好让他们知道那件事让你感到多难过？"

- 教授孩子解决问题的技巧，强调寻找双赢解决方案的重要性，引导孩子学会妥协。通常，孩子会认为如果他们在分歧中同意另一个人的观点，那他们自己就或多或少地失败了。我们可以帮助孩子弄明白什么是妥协，让他们知道自己和朋友或兄弟姐妹可以达成一个共同的决定，即使这个共同的决定意味着自己要放弃一些东西。我们应该指导孩子去识别问题、用头脑风暴的办法列出所有可能的解决方案，然后评估这些解决方案有可能会带来什么样的后果。

当孩子提出看似不合理的解决方案时（比如："我要告诉他的另一个朋友永远不要再和他玩了！"），我们尽量不要表露出大吃一惊的样子，而要询问孩子如果他这样做了的话对方可能会做出怎样的回应，以此来帮助孩子理解自己的言行对他人的潜在影响。

- 为年幼的孩子安排社交活动和朋友聚会，鼓励年龄较大的孩子或青少年与他们的朋友联系。孩子在成年人主导的有组织的、基于规则的环境之外与同伴进行互动的话会更加受益。你可以让孩子们自己决定要做什么、怎么做以及他们在一起时想要如何互动或玩耍，这将有助于他们做出决策、解决问题和提高组织能力。

你可以在户外举办孩子与朋友的聚会，包括公园、后院和当地的徒步小路。在这些地方，没有人能"独自拥有"这些空间。你可以鼓励孩子主动发起交谈、练习与他人相处、与他人共享材料并参与需要合作的游戏。

烹饪是一项孩子们可以共同参与的活动。孩子们需要在活动中相互配合，其好处是他们可以吃掉自己的劳动成果。年幼的孩子可以在成人的监督下烹饪，青少年可以和朋友一起自行计划和进行烹饪。

"一起做饭"是我那上高中的孩子及其朋友们在新冠疫情流行期间最喜欢的活动。他们热衷于做计划（包括决定做什么菜、列出配料清单）、去商店采购他们需要的东西然后备菜、做菜、上菜并享用他们自己做的美食。他们上大学之后仍然很喜欢这种社交的方法。每当他们从各自的大学回到家时，他们就延续以前的方式，聚会见面，一起做饭、吃饭。

做以上练习时，耐心是关键（尽管我们有时很难记住这一点）。这些技能需要孩子付出时间、反复练习、大量试错，而且，不是一下子就能学会的。孩子在某一点上的进步可能会导致在另一点上的退步。在感到烦恼、压力大或不确定的时候，即使是我们当中最优秀的人也可能会忘记注意自己的行为举止，或者忘记尽自己最大的努力去关注他人想要什么或需要什么。

患有解读社交提示障碍的儿童

孩子患有自闭症谱系障碍的家长经常向我咨询如何帮助他们的孩子学会解读社交提示并做出适当的反应。我坚信，在家长持续不断的、清晰明确的指导（尤其要在社交场合之中给予他们清晰明确的指导和支持）下，许多患有自闭症谱系障碍的儿童是可以通过学习使自己的社交能力和情绪理解能力得以提高的。

以下是一些具体的建议：

- 让孩子参与有组织的游戏活动，鼓励孩子与他人进行社交互动。这类游戏活动包括需要合作的棋盘类游戏、搭建物体或具有明确角色和规则的小组活动。有组织的游戏活动为孩子练习社交技能和理解情绪提供了一个安全和支持性的环境。在这种环境中，朋友或家人会公开、直接地说出对孩子的要求，这样他们就可以练习解读他人与社交和情绪相关的面部表情了。

- 创造一个感官友好的环境，尽量减少对孩子感官的干扰并提供必要的支持，比如，在需要的时候给孩子提供消音耳机或安静的休息空间。帮助孩子以适合相应社交场合的方式处理自己的情绪。如果必要的话，可以通过让孩子频繁地暂停休息来帮助孩子调节情绪，这种做法可以帮助他们更好地参与团体活动。

- 让孩子尝试参与某个可以循序渐进教授社交与情绪技巧的课程。这类课程侧重于教授诸如发起对话、保持目光接触、轮流做事、表达与理解他人的非语言提示和情绪暗示等技能。

- 使用孩子可以在特定情况下使用的脚本或短语来帮助孩子练习社交互动。可以让孩子参与模拟现实生活场景的角色扮演活动，让他们在角色扮演中练习对他人做出恰当的反应、轮流做事和解决问题。对年幼的孩子来说，这些活动是以游戏玩耍为主要内容的。我曾经见到参加这类活动的孩子把他们在活动中的练习带到了与他人的日常互动中并取得了很大的进步。

- 鼓励孩子与正常的同龄人互动，将对方作为积极的榜样。将患有自闭症谱系障碍的孩子与正常的孩子配对，可以为前者提供引导、支持和双向的友谊，让他们更容易接受同伴。

每个自闭症儿童都是一个独特的、与众不同的人，他们对社交技能的需求也各不相同。重要的是要找到能够支持孩子的、为孩子量身定制的干预措施和策略，以满足你孩子的具体需求和优势。

与专业人士（如职业治疗师、语言病理学家或专门从事自闭症儿童治疗工作的行为治疗师）进行合作也是很有帮助的。他们可以为孩子在社交和情感技能方面的发育发展提供有价值的指导、个性化的干预和支持。

归属感和融入感

如何才能让孩子成为善于社交的人呢？我们应该让孩子学习如何与他人友好相处、如何倾听他人并周到体贴地加以回应。让孩子认识到：无论他人的想法与自己的想法相似还是不同，都要尊重他人的观点。我们还要让孩子了解自己的需求，并且知道如何向他人表达自己的需求。

正如我们前文讨论过的那样，孩子需要学习的重要技能之一是我们称之为"换位思考"的能力，即理解和接受他人可能与自己有不同观点的能力。这种能力是同理心和同情心的根基。以上提到的这些技能也能让年轻人对与同龄人、兄弟姐妹和他们的父母建立并维持良好关系产生自信心。站在别人的角度看待事物以及清楚地表达自己的需求是建立韧性的一部分。

当家长自己融入社区之中并为孩子提供参与的机会时，孩子就不仅学会了如何与他人联结及尊重他人，而且还体验到了归属感，理解了自己是比自己更大的集体的一部分。当孩子送礼物给他人或者为他人做事时，他们自己也会获得回报。孩子在社区活动中也会更好地了解自己和他人，打破由感知差异（即成见或刻板印象）造成的自己与他人的隔阂，并在家庭之外与他人建立起关系。

孩子将会学习了解自己以及如何与不同背景的人相处并找出他们的共同点。如果有新朋友搬到了你的社区，你可以带着孩子做的卡片和你自己烤的或买的饼干去对方家里欢迎他们，这是一个很好的接触他人并与他人建立联结的方式。

让孩子成为社区的一部分，不仅可以帮助孩子与他人相处，还可以激励孩子抵制偏见、帮助那些资源较少或有需要的人，并形成对他人的包容态度。这种成为社区和社会一分子的价值观会使生活在其中的每个人受益，其中也包括你的孩子。

每个人都有基本的归属感的需求。这种要与他人亲近的本能驱动力与我们天生的社会性有关。因为当我们隶属于某个群组并成为该群组的一员时，我们就能够更好地生存。家长常常担心他们的孩子在学校或社区与同龄人相处得不够好。他们担心孩子是否有朋友、是否有"有益"的朋友，甚至会担心孩子的朋友是否足够多。这些我都能理解。我们希望我们的孩子拥有良好的友谊（包括至少拥有一个值得信赖的、忠诚的知己）。这是孩子是否善于社交的一种表现，几乎每位家长都非常重视。然而，家长很可能会反应过度或把孩子的社交场景想象成一场灾难，尤其是当孩子的社交场景让他们想起自己曾经没有归属感或曾经被他人全体拒绝的往事时。

我发现孩子与同龄人的相处比其他任何事情都更能唤起家长对过去的回忆。因此，尽管我们的孩子在游乐场、学校和其他复杂的社交场合中会受益于我们的支持，但我们也需要注意保持健康的边界，鼓励我们的孩子自己弄清楚如何驾驭错综复杂的社交世界。我们要给孩子机会和空间去学习如何理解社交场合的"风风雨雨"，如何在社交过程中感觉更自信。孩子需要在想被他人喜欢或融入朋友的同时，测试和整理自己害怕被拒绝的混乱情绪。

这里有一个例子，可以说明孩子的社交环境是多么复杂。

七岁的瑞奇有一天放学回到家时明显非常不开心。他一进家门就带着怒气踢掉了鞋子，火冒三丈地大声喊道："我们班来了个新小孩儿！"

瑞奇的母亲克莱尔向他问了几个常见的问题：那个孩子是谁，他叫什么名字，他们家是不是刚搬过来。

瑞奇气冲冲地回答道："我不知道！我也不关心！"

克莱尔对瑞奇的强烈反应感到十分惊讶，这似乎不太符合他的性格。于是，克莱尔决定停止提问，给儿子一个冷静下来的机会。

过了一会儿，瑞奇走出自己的房间，在妈妈旁边的沙发上舒服地坐了下来。他讲述了这个新同学如何在课间休息时和自己最好的朋友健二在一起玩。瑞奇表示他担心这个新来的孩子会把朋友健二从自己的身边夺走。

班里学生人数及同学结构的变化让瑞奇感到不安。新鲜感很容易滋生不确定性。在社交活动中，新鲜感可能会给孩子带来更深层次的担忧。他们会担心自己是否会被他人喜欢、自己该如何去适应新的状况以及新来的孩子是否会像这个场景中描述的那样抢走他们的朋友。

克莱尔很想知道第二天瑞奇是否会建议他们三个孩子

一起玩。

瑞奇迅速而坚定地回答道："绝不！"他还是非常不开心，而且，他似乎被妈妈的主意激怒了。

起初，克莱尔看到儿子如此沮丧感到很不舒服，她想给健二的妈妈打个电话，看看她是否能从背后帮忙解决这个问题。她认识健二的妈妈，她猜想她们两位妈妈一起努力应该可以解决孩子们的问题。她犹豫了一下，没有打那个电话，反而深吸了一口气，决定往后退一点。她仔细想了想，意识到如果自己不过多地参与而只是表示关心（告诉儿子自己能够理解他在这种情况下的感受），那么她对儿子的帮助可能会大得多。

想到这里，克莱尔就只是简单地说："我看得出来，这让人很难过。"然后她认真倾听儿子的发泄，给儿子时间让他与自己的困境共处并沉浸在自己的情绪中。

那天快到该吃晚饭的时候，瑞奇的态度发生了转变。他自己想出了一个计划：第二天组织一个游戏，让三个同学可以一起玩。不过，第二天早晨临去上学的时候，瑞奇仍然对将要发生的事情感到微微的担忧。母亲克莱尔向瑞奇保证说，她认为他们一定会想出一个三个人一起玩耍的方法。于是，瑞奇在母亲的安慰下去了学校。后来他向母亲汇报说自己在课间玩得很开心。

　　这个例子说明：我们需要意识到自己的家长身份，知道什么时候不要对孩子过度干涉或越界。这位母亲表达了她对儿子的支持和同情，同时也尊重了儿子发泄情绪的需要。当儿子回到家的时候，她认真倾听孩子的抱怨并感同身受。她从始至终一直陪在儿子的身边，却没有对儿子进行干涉。她给了儿子空间，让儿子想出了他自己的计划并体验了成功的感觉。这件事最后得到了积极的结果。瑞奇会在日后继续这样做并不断增强自己的韧性，他会感觉自己有能力渡过各种艰难的时刻（比如这一次，他就没有失去自己的好朋友）。

　　当孩子努力融入他人时，他们常常会产生一种与之背道而驰的欲望，那就是：与众不同，坚持自己的个性。有些人在这方面的欲望会比其他人更强烈一些。你家里可能就有一个这种喜欢特立独行的孩子。比如每次都穿着完全不相配的鞋子和睡衣去幼儿园的三岁小孩，或者将头发剪成奇异形状或染成明亮紫色的青少年。管理孩子的这些行为举止有时会让我们所有人都感到无从下手。当孩子进入青春期以后，这会变得尤其困难。

　　我们来看这样一个案例。

　　旺达在高中时是一名很有艺术天赋的学生，她想将来去艺术院校读大学。最近，她凭借出色的混合介质拼贴画赢得了一个备受推崇的社区奖项。她为自己的艺术天赋感到自豪，也很重视老师和成年人对她的认可。但是，她几乎没有什么亲密的同龄人朋友。

她的时尚感也体现在她的着装上。她喜欢穿明亮颜色的衣服搭配明亮颜色的围巾。她每天早晨都会花额外的时间挑选当天要佩戴的耳环（其中一些耳环是她自己做的）。她的父母接受了她的着装风格并且告诉她他们多么欣赏她的创造力。

某一天的下午，旺达放学回到家时比平常安静很多，这让旺达的父母感到很吃惊。在吃晚餐时，旺达几乎全程都保持着沉默（除了对她弟弟发出了一次吼叫，让弟弟别烦她），使得全家人都感觉晚餐时间变得特别漫长。吃完饭，旺达对大家说："我就是不合群，我没有朋友。"她回到自己的房间，关上了门，说她想自己一个人待着。

最令旺达父母感到吃惊的是，旺达之前总是表现出一种我行我素的气质，总是自信地按照自己的意愿穿衣打扮并建立了自己的创作风格。对她来说这似乎是很自然的事情。旺达的父母总是跟在旺达的身后满足她的需要。他们允许旺达自己挑选衣服，带她去买特殊的布料来制作与衣服配套的发带和围巾。

然而，作为一个青少年，旺达发现与众不同并不总是能让自己感觉良好。没错，她有时会很喜欢别人对自己的艺术作品和创造力的关注，但她后来告诉父亲，她在其他时候"只想和别人交朋友"以及"只想和其他孩子一样"。旺达的父亲听了女儿的话之后感到有些失落，因为他以为允许女儿做她自己并支持女儿独特的生活方式就足够了。旺达的父母没有注意到的是，旺达渴望融入社会，渴望拥有能够理解她的同龄人朋友，而不仅仅是那些钦佩她的成年人（尽管这也很好）。

这个例子反映了许多年轻人在想要做自己和想要融入他人之间的纠结。在我和旺达父母的交谈中，我建议他们鼓励旺达去寻找其他的方式来进行她的艺术探索。

在和父母一起做了一些调研之后，旺达决定参加一项专为生存压力大的小孩子举办的课外活动。旺达的工作是教一群五年级的学生制作陶器。她很喜欢这份工作。她觉得自己好像是在孩子们身边扮演着一个成年人的角色，这让她感到备受鼓舞。她发现与孩子们的互动使自己受益很多。而且，她还在这个儿童活动中心结交到了新的朋友。这个教孩子做陶器的角色和她的新朋友们让她感到自己的才能被他人接受和重视了，这抵消了她在学校不合群的感觉。渐渐地，她在学校里也感到比较舒服自在了。

当旺达有意识地拥抱自己的优势和兴趣时，她觉得自己的内心更稳定了，而这就是韧性的标志。旺达的父母支持和鼓励旺达去寻找探索和表达创造力的机会，这对她非常有帮助。

一般来说，当孩子进入青春期，开始定义他们在这个世界上是谁的时候，他们会很难调和"我要做我自己"与"大家都在那样做（渴望被他人接受）"两者之间的紧张关系。那是一种即使你实际上并不想参加某个社交活动但仍然想要接到邀请函的感觉。虽然他们会把自己定义为"与其他人不一样"，但他们也想要知道自己"能够成为其他人的一部分"。

父母可以通过倾听孩子诉说他们的担忧和纠结（或者只是待在他们身边扮演一块"回声板"）并提醒孩子无论如何你们都爱他们的方式，来帮助孩子缓解这些紧张的情绪。此时，父母再次成了他们仍在成长中的孩子的容器，让孩子能在其中积极主动地发展自己的韧性。

同伴压力不是问题

青春期被认为是一个关键的时期。在这个时期，社交技能在青少年如何培养友谊、如何应对同伴压力、如何管理自己的需求冲突（既希望自己能融入群体找到归属感，又想要与众不同实现独立自主，两种愿望同等强烈，彼此拉扯）、如何成为自己（拥有专属于自己的身份）等方面具有了新的重要性。许多家长担心他们的孩子会受到"问题人群"的影响，因此可能会试图对孩子的社交进行干预或限制。家长的这类做法极有可能会事与愿违。

弗吉尼亚大学著名心理学研究员乔·艾伦的研究为青少年社交、青少年个人发展的复杂过程以及父母在此期间的作用提供了重要的见解。艾伦对 165 名青少年进行了 20 多年纵向的研究（从他们 13 岁开始到他们 30 岁结束）。他最终确定了可以预测孩子能否在青春期后获得成功的具体因素。这些因素会在青春期后的 15 年内对孩子是否能拥有积极正向的成人关系、是否能获得成功产生影响。

这项研究的要点在于：青少年成功的指标（即与同龄人之间真正的亲密关系）也会影响到他们在成年之后是否能培养出足够的韧性、是否能保持良好的健康状况以及是否能在生活的大部分领域取得成功。那些在青春期早期与同伴关系比较淡漠的人无法很好地管理自己的人生。他们患抑郁症的概率更大，在生活中比较缺乏动力和信心，他们的健康状况也会比较差。

青少年确实会自然而然地通过他们的友谊、同伴间的纠缠和人际关系中飘忽不定的起伏来了解和尝试他们需要学习的东西，而他们所需要学习的东西（青春期真正的目标）正是如何平衡他们对自主的需求与想要与同龄人以真诚、体贴、持续的方式进行联结的愿望。艾伦将这种现象描述为"青春期困境"。这一概念在他的核心研究内容中被反复强调。他将所谓的"酷孩子"（常常表现出"伪成人"行为）与那些拥有较少但较牢固友谊的青少年进行了对比。他发现，在12～14岁时被同伴认为"很酷"的孩子虽然当时可能会被公认为是更受欢迎的人，但是随着年龄的增长，他们会成为比较不成功、比较不适应环境、比较不健康的人。而且，比起当初那些在青春期不那么受欢迎的孩子来说，所谓的"酷孩子"会比较不快乐。艾伦发现，从长远来看，那些能够与同伴建立稳固的、互相信任的友谊而且不盲目追求"高人气"的青少年会表现得更好。

那么，为什么从长远来看，表现不佳的青少年是那些在青春期早期被他人认为"很酷"的孩子呢？研究结果表明，这些青少年被朋友的数量（受欢迎的外部指标）所吸引。他们不追求真正的友谊，不看重人际关系的质量。相比其他青少年来说，这些"酷孩子"的社交/情绪都很肤浅。从根本上来说，他们看似成年人样子的"酷行为"（饮酒、吸烟、更早地发生性行为）更像是他们掩盖自己缺乏真正的安全感和自信的面具。换句话说，虽然他们在行为上看起来很独立，好像成年人一样，但实际上他们既没有获得自主能力，也没有与他人建立起深层次的联结，而这些正是青少年在进入成年早期的道路上能够茁壮成长所必需的因素。

那么，家长应该如何帮助孩子抵抗追求朋友数量而不是朋友质量的欲望呢？

虽然那些正在努力成为年轻成人的孩子需要空间和自由，但他们仍然需要我们上文中提到的"护栏"。他们也仍然需要父母的关注和陪伴。根据我的经验，那些在亲子关系上深耕并与孩子维持着亲密关系的家长能够在孩子经历动荡不安的青春期社交时给予孩子支持。虽然你不用再负责组织和管理孩子的游玩约会了，但你仍然需要时刻留意着孩子，时刻准备着在孩子需要你的时候支持他们。有时，这意味着你既要待在孩子的身边，但同时又要保持沉默。这是很不容易做到的。

你可能想知道如何才能在既不干涉又不批评孩子的情况下对孩子进行指导。虽然你所扮演的只是一个后台的角色，但是你所处的位置应该既能支持孩子寻求自主，又能保持与孩子的联结。

在孩子经历青春期时，你不会再是那个替他们选择朋友的人，但是你选择住在哪里、你与哪些成年人交往、你加入哪些社交团体和社区团体，都会对你的青少年孩子产生影响。他们会认识并了解你的朋友们，听取他们的想法和学习他们的价值观。你的朋友们因此有可能成为你孩子的导师。家庭之外的导师（可以是孩子的老师或你所居住的社区里的其他成员）可以为孩子提供更多的榜样。

我自己十几岁的时候就遇到过这样一位导师。她是我家的邻居，我们住在同一条街上。她是一位新手妈妈。我常常会和她一起度过晚间的时光。她会对我的想法表示出兴趣，会认真倾听我与朋友、家人和同学之间发生的"好事"和"坏事"。同时，她也对我讲述了她自己的人生道路、事业发展和家庭选择。除此以外，我们还常常大笑，常常玩得很开心。我看着她从一名公设辩护人变成了孩子的家长。我自己则通过帮助她逐渐适应这个新的角色而获得了信心。一位好导师所表现出的尊重可以强化青少年心中还处于萌芽阶段的自主性，帮助他们建立起自信心并磨炼他们的新技能。这是另一种让青少年慢慢成长为别人所期待他们成为的成年人的方式。让孩子去做兼职的工作也可以达到这种效果。

不过，在以上的场景中，家长并不是置身事外的。他们仍然待在后台，做孩子在家中的"回声板"和"辅导员"。青少年仍然希望他们的"接待员"和"安全基地"在他们需要的时候能随时出现。因此，家长退后并不意味着家长彻底走开。为你的青少年孩子及其朋友们提供一个温馨且不带评判的家是你"后台工作"的一部分。

　　如果你喜欢在家中招待朋友的话，你可以把家变成一个你的孩子愿意邀请朋友来访的场所。反之，你可以邀请你的高中生孩子参加你自己的周末活动，例如远足或露营，或者去看你们俩都喜欢的电影，或者和孩子一起参加体育赛事或音乐会。

　　我的一个孩子经常陪我参观摄影展，而另一个孩子喜欢和我一起探寻各种食品市场并在城市中寻找少有人知的大自然场所。虽然我的孩子们大部分时间都和他们的朋友在一起，但我和他们在一起的时光仍然很重要。

　　尊重孩子并了解他们感兴趣的领域（而不是试图强迫他们服从你自己的兴趣）可以向他们表明你理解并尊重他们的喜好。我带着我的一个儿子在全国各地的城市里找到了许多卖"万智牌"的卡牌店。我通过这种方式表达了自己是多么尊重他的爱好。

　　在艾伦的大型研究中还有一个发现可以用来指导家长，这个发现可能会让你大吃一惊：如果做得好的话，允许孩子和父母争辩会对孩子产生特别积极的影响。艾伦的研究发现，那些"允许青春期孩子在有分歧时与他们谈判"的家长会使用友好的或非对抗的、非战斗性的方式与孩子沟通，而不是用禁止讨论的方式去切断与孩子的交流。他们的孩子则能够将这些技巧运用到自己与同龄人的互动中。

　　这样做有什么意义吗？这样的孩子不会被迫屈服于同伴压力。当他们不想做某些事情（比如喝酒或吸毒）时，他们可以通过说"不"的方式来坚持自己的立场。他们已经学会了有效的争辩技巧，并且已经通过有机会不同意父母的主张而感受到了自己内心的力量。家长通过给他们的青春期孩子留出空间、让他们有可能在某件自己看重的事情上改变父母看法的方式，让青少年拥有了更强大的内心去抵制消极的同伴影响。

　　艾伦解释说，这种两步走的方法之所以有效，是因为父母在自己的青少年孩子与同龄人的关系中为孩子设定了两个关键的期望：首先，说服他人做自己想做的事情是很值得尝试的；其次，自己需要具备真正的说服力。不过，限制依然是存在的，因为家长将是最终的决策者，他们会基于亲子之间的讨论来做出最后的决定，这就是为青少年设定的边界。

　　此外，并不是所有的事情都可以拿来讨论的。比如家庭成员之间应如何对待彼此这样的基本礼仪就是不可争辩的。如果父母能以一种健康的方式来处理亲子之间的分歧（注意，不是每次一有分歧就进行谈判或辩论），那么青少年就会感觉自己受到了尊重，并且感到自己有能力为自己的主张发声。这是他们拥有主动性和韧性的两个关键之处。

"允许孩子与父母争辩"给孩子提供了一个机会，让孩子弄清楚自己想要什么或需要什么，以及自己应该如何将自己的"想要"或"需要"表达出来。"允许孩子与父母争辩"可以帮助孩子换位思考，让他们明白自己要先理解父母对这个话题的观点，因为这是和父母谈判的必要条件。

同时，"允许孩子与父母争辩"也表明了你很尊重孩子的观点，这与让孩子凡事"唯命是从"是正好相反的。我猜想，让孩子加入辩论队也能进一步提高孩子的这些技能。

相比之下，那些从来没有机会或很少有机会与父母谈判的青少年（对他们来说，"因为我这样说了，所以不行就是不行"是讨论的开始和结束）会习惯于简单地按照别人说的或要求的去做。唉，虽然这种严格的养育方式看似可以保护青少年免受同龄人的影响，但实际的效果却南辕北辙。孩子在家里说的"是的，爸爸"和"是的，妈妈"会在同龄人面前变形为"嗯，好吧，反正我也没机会表达我的意见了"。

孩子会把在家里学到的失败或无奈用到家庭之外的社交活动中。因此，当同龄人建议上述这类青少年去喝酒、破坏公物或进行性方面的"实验"时，尽管他们可能会觉得不愿意，但他们更有可能会顺从他们所熟悉的应答方式，更有可能会说："嗯，好吧。"艾伦称他们为"脚垫型青少年"。他们的声音被压制住了，使得他人很容易踩着他们走过并获得他们的顺从。即使是那些家长并不希望孩子做的事情，"脚垫型青少年"也会乖乖地按照同伴的要求去做。

家长绝不是有意让孩子成为"脚垫型青少年"的。我相信每位家长都在努力保护他们的孩子或青少年免受伤害。但你自己的恐惧可能会让你变得更严厉，甚至超出你想要达到的严厉程度（包括直接中断与孩子的讨论）。你应该确保在孩子独立地向这个世界走去时为他们提供支持。你们的亲子关系仍然是很重要的。

怎样免受来自他人的负面影响

有一天，我与汤娅交谈。她是贾斯敏的母亲。贾斯敏是一个九岁的孩子，她经常把与同学互动的故事带回家。贾斯敏一直是个爱观察朋友的小孩。她在上学前班的时候就曾对妈妈说："今天利奥不想吃零食，所以他坐在一边看着我们吃。玛丽今天不想和威尔一起玩，她想自己一个人待着。"随着贾斯敏年龄的增长，她开始评论同学之间发生的更复杂的互动，并且会非常生动地讲述当时发生了什么事以及都有谁参与其中了。她还会着重叙述自己与同学的各种互动以及自己对同学做出的各种回应：被同学喜欢、被同学冷落或被同学边缘化、站在后面看着自己的朋友们玩、想和朋友一起玩或不想和朋友一起玩。

　　和其他同龄人一样，贾斯敏更愿意与固定的朋友一起玩。她们（包括她自己在内）是一个三人组。在她们三人当中，有一个名叫莱拉的朋友。三人组中，莱拉常常会挑选另外两个中的一个朋友配对玩耍而排斥另一个。莱拉每天的挑选都不同，而且还在背后议论那个被她排斥的朋友。贾斯敏会在家里评论她的那两个同龄人朋友的行为和互动方式，也会提到她们俩是如何有时带自己玩，有时不带自己玩的。在贾斯敏感到自己被那两个朋友排除在外的时间里，她的母亲汤娅注意到女儿一遍又一遍地提起莱拉。她还会反复说起当时的场景以及三人之间互动过程的每一步，以此来回忆她们关系的变化并试图理解那天到底发生了什么。

　　"贾斯敏是患上强迫症了吗？"汤娅问我，"我每次都努力倾听她的诉说并分散她的注意力。"虽然汤娅在想办法帮助女儿调节情绪，但她也已经准备好要建议女儿去找学校的辅导员谈谈了（但是她并没有真的这样去做）。

　　现在，贾斯敏上三年级了。她告诉妈妈，莱拉给她发了一条"不太友好"的短信。

　　贾斯敏主动告诉妈妈，自己将与老师讨论这条短信的事情。她不想说出朋友莱拉的名字，但她希望老师可以出面向全班同学阐明这样一个事实：在短信中说刻薄的话与当面说刻薄的话一样都是会伤害别人的。

汤娅也觉得这条短信的确不太友好（短信的内容是说谁是莱拉的朋友，谁不是莱拉的朋友）。她确认了贾斯敏对这条短信的看法和感受，然后问贾斯敏是否希望妈妈参与其中去处理这件事。

"不要！"贾斯敏大声说道，"我的老师会帮助我的。另外，这件事也符合我的说明书。"

汤娅愣住了。"你的'说明书'？那是什么东西？"

贾斯敏解释说："妈妈，我为每个朋友准备了一份说明书。比如给某个朋友做的说明书上说，当她不愿意和我说话时，我就回去学习，不让她不理我这件事给我造成烦恼。然后，她过一会儿就会和我说话了。"

"我的另一个朋友是我的表妹。我给她准备的说明书上说，她很喜欢表达。现在我已经习惯了她总是说个没完没了。我要等她把所有的事情都表达完，然后我们就可以再在一起玩了。她就是这样的一个人。"

贾斯敏继续解释她对不同朋友的理解、她们的风格以及她自己要对这些朋友的行为做出哪种反应。汤娅先是认真听完了这些细致入微的描述，然后问女儿，如果她没有做那些说明书（这位母亲第一次听说孩子给朋友做说明书的事情）会怎样。贾斯敏回答道："妈妈！你知道那样不好！我会想得太多，就像我过去做的那样，而且我会一直说个没完。我感觉那样不好。现在我有了我的说明书，所以我可以说'哦，这就是她做事情的方式，而我要做的是这些'，然后我就不去想了。我可以去玩或者做我的家庭作业。反正，它不会再困扰我了。"

当汤娅带着这个故事来找我时，她想知道孩子做这些说明书的行为是否正常。她问我："贾斯敏创造了这样的说明书，这意味着什么呢？"

贾斯敏的"说明书"对我来说也是一件新奇的事情。我发现这真是一个绝妙的主意（尤其是，这竟然是一个九岁的孩子想出来的）。我不禁想要把它加入到我建议的社交策略中去。尽管这个孩子自己并没有意识到这是一个多么好的方法，但是她不仅保护了自己，使自己免受朋友的喜怒无常和不可预测的行为的伤害，还学到了一项宝贵的技能：不要受到他人的行为、情绪或其他负性事件的影响。此外，贾斯敏的说明书给了她一种方法，让她能够理解复杂的且有时会令人感到困惑的社交动态。不让他人（无论是我们的孩子、朋友还是伴侣）的消极行为影响自己，是在为自己设定一个健康的边界，而贾斯敏已经想出了一个具体的办法来做到这一点。

"你"因素

正如我们已经看到的，父母和孩子之间的纽带是以一系列不同的方式维系的：通过身体上的接触和接近（让孩子知道你会关心照顾他们并且总是会出现在他们身边），通过每天有规律地执行例行公事和进行情感上的交流，通过你对孩子的认真倾听、你的"随叫随到"和你的细心周到。这些都是社交互动的类型，也是情绪互动的类型。

在你们亲子关系的这个容器中，你的孩子会发展出一种内在的感觉，即自己是被人关心照顾着的，而且自己是值得被爱的。孩子会将这种感觉内化为一种样板，并将其带入到他们与同龄人的关系以及更广阔的社交世界中。在安全的依恋中，孩子会了解到人际关系是有益的，而与他人建立良好的人际关系需要自己对他人付出、关心他人并被他人关心。他们同时还会学到如何管理自己的情绪和建立信心，以及如何得到自己需要的东西和做出妥协。

所有这些技能对于孩子进入复杂的同龄人世界、与他人相处、解决冲突、培养分享和协作的能力来说都是至关重要的。家长与孩子之间的亲子关系给孩子树立了一个重要的榜样，向他们展示了人际关系看起来是什么样子的，让他们体会到身处良好的人际关系之中会是怎样的感觉，同时，也让他们知道自己可以从他人那里得到什么以及自己可以给予他人什么。有了这种"社交认知"，孩子就会对"比自己更大的东西"（家庭、学校、团队、社区）产生归属感，而这些"比自己更大的东西"对于我们的生存来说是至关重要的。

我听说人们的被孤立感和孤独感现在正惊人地上升着。美国公共卫生局局长甚至将其称为"孤独感传染病"。数据显示，缺乏可靠的人际关系和社交经验与抑郁加剧及身心健康问题增多都有关联，甚至与较差的学业成绩也有关联。我们家长需要刻意地让孩子与他人建立起社交关系。

我们自己的社交经历和经验也起着一定的作用，并可能在不知不觉中对我们如何帮助（或阻碍）孩子建立起他们自己的社交技能产生影响。你要把自己的经历与孩子所遇到的事情分开，这一点非常重要。也许你自己小的时候曾经被别人欺负或被别人取笑过，但这并不意味着同样的事情也会发生在你孩子的身上；也许你自己在初中或高中时是个受欢迎的孩子，但这并不意味着你的孩子也同样外向。为了在孩子的整个成长过程中与他们保持联结并为他们提供发展社交自信所需的指导和支持，你需要对自己的社交经历时刻保持警觉，避免将其投射到孩子的身上。

需要进行反思的问题

当孩子徜徉在复杂而微妙的同龄人世界和成年人世界中时，如果我们能时刻觉察到自己过往的社交经历和体验的话，我们就可以更好地理解和帮助孩子了。你可以反思以下这些问题：

- 你本人的气质或风格是如何影响你与其他人（如家庭成员或亲密的朋友、熟人、同事）的互动的？

- 你能回忆起自己在童年或青春期时与同龄人的交往吗？你曾经被其他孩子冷落、拒绝过吗？或者你曾经有一段时间很难融入他们吗？那对你来说是什么感觉？

- 你有一位或多位亲密的朋友吗？你从那段关系中能回忆起什么吗？

- 你是如何在自己需要的时候寻求他人帮助的？你见到过你的孩子模仿你的这种寻求帮助的行为吗？当涉及孩子的社交关系时，想想你和孩子相处的方式。你能做到积极倾听孩子的话吗？还是，你更喜欢打断孩子并主动给孩子提建议？你的孩子在这些时候对你有何回应？

- 你是如何在自己与他人的关系中为孩子树立互惠互利、礼尚往来的榜样的？你与朋友、亲戚或伴侣之间的"给予与接受"分别是什么？

- 当孩子在社交中遇到冲突时，你是如何反应的？例如，当孩子与兄弟姐妹或朋友发生分歧时，你会迅速地主动介入或被卷入其中吗？

- 当孩子告诉你他被朋友或同学冷落或伤害时，你是如何反应的？听到孩子描述自己被冷落或伤害的情景时你有什么感觉？

- 当孩子告诉你他对朋友采取了刻薄或消极的行为时，你是如何反应的？听到孩子描述那些行为时你有什么感觉？

- 当孩子谈起一些你不太希望孩子与之交往的朋友时，你是如何反应的？你能意识到自己不太积极的观点吗？你是否能在这种情况下仍然倾听和支持孩子呢？

- 当孩子大骂正在发生的"坏事"，公开发泄自己的负面情绪时，你是怎么做的？你能认真倾听孩子说的话并任由他们发泄吗？你会很快尝试去解决问题吗？你的孩子是如何回应你的？

第七章
支柱五：感到被接纳

每个人（无论孩子还是成年人）都渴望并值得被理解和被接纳。他们希望别人能够全方位地接纳自己是个怎样的人，无论是好的方面、坏的方面还是介于两者之间的任何方面。正是这种全面的接纳才让我们能够喜欢自己并最终爱上自己。我们通过爱自己和接纳自己成为能够关心他人、给予他人帮助的人。

当我们作为父母给我们的孩子提供这种理解和接纳时，我们就等于给了孩子一份巨大的礼物。这份礼物将在他们的余生里一直给予他们帮助。我们应该向孩子展示：爱自己就是要意识到自己优秀的品质和不那么优秀的品质，并且学会对这两者都接受。我们要让孩子知道：承认自己的局限性或弱点是接纳自我的一部分。我们要鼓励孩子培养出一种宽容的、充满爱的自我观。

这并不是要他们满足现状、不去努力成为更好的自己。我们这样做是因为当孩子内心深处感到他们真实的自我能够被他人理解和爱的时候，他们会觉得自己是完整的。这种对自己全面而现实的看法使孩子更有准备、更有能力去面对挑战，因为孩子会更全面、更准确地理解什么是自己可以做到的、什么是自己做不到的、自己不屈不挠挑战自我时需要付出什么以及如何才能开发出更多的资源（比如在需要时寻求他人的帮助）来帮助自己实现目标。

这最后一根韧性支柱建立在其他四根韧性支柱之上。它涵盖了所有其他四根支柱的内容以及你一直在练习的成为孩子的锚点和容器的方法。你有机会通过以下这些方法来帮助孩子培养韧性：

- 逐步培养孩子内心的安全感。你应该使孩子能够信任你以及他们自己，让孩子在深层次上知道自己在这个世界上并不孤单。
- 协助孩子调节他们的情绪。你应该教会孩子如何进行自我调节，如何处理他们自己的情绪。相应地，他们也将学会如何在不确定的时期保持情绪稳定。

- 给孩子提供带有"护栏"的自由空间。你应该鼓励孩子与你分离并变得越来越独立自主，鼓励孩子凭着自己的主动性去做事并成为他们自己——一个有能力权衡选择并自信地自己做决定的人。
- 和孩子保持深度的联结。你应该教会孩子如何建立和维护人际关系、如何与他人直接沟通以及如何以真诚而有意义的方式与家庭圈子之外的人建立联结。

当你通过"不带评判或羞辱地拥抱孩子的与众不同及复杂性"来有意识地、刻意地接纳孩子成为他们自己的时候，当你使你的孩子能够带着自信、尊重以及"我很重要"的信念来拥抱他们自己的时候，这些支柱的终极目标就实现了。

支柱五提炼出了亲子关系的终极意义以及它对培养韧性至关重要的原因。请回想一下前几章关于依恋和分离的内容。在你对孩子放手的过程中，你一直在对孩子传达这样的信息：你知道孩子需要什么，而且你会满足他们的需求。即使你不确定自己是不是能理解孩子，甚至你用尽了力气也无法理解孩子，但是你仍然可以让孩子知道你正在尽你最大的努力随时准备去帮助他们，而且，你不会责备、惩罚、羞辱或嘲笑他们的纠结和努力（你也不会责怪你自己）。

如果你向孩子传达的信息是积极的、能够被孩子接受的，那么即使孩子可能会以与你本人完全不同的或者与你对他们的设想完全不同的方式走向世界，他们也会发展出一种自我意识，这种自我意识可以逐渐生长，最终形成全面的自我接纳。孩子的内心不会产生可能会对他们的幸福感有害的严厉的自我批评，他们不会贬低自己或者感到羞愧难当。相反，他们接受自己的长处和短处，喜欢自己的全部，因为你已经向他们传达了一条始终不变且清晰明确的信息，那就是：他们是有价值的，是被他人理解的，而且，你因为他们是他们自己而爱他们。

从根本上来说，这种对孩子内在价值的深刻认识是他们最强大的韧性资源之一。那些认为只要简单做自己就会真正被他人看到和欣赏的孩子将在他们的余生之中时时处处依赖这一点。他们将能够保持内在的稳定。他们不会为了测量、确定自我价值而将自己与他人做比较。他们将会懂得怎样做才算照顾好自己并且愿意那样去做。他们将会对自己的不完美充满爱意和同情。他们也会努力改变自己，但这并不是因为他们认为自己是坏人，而是因为他们想要提高自己的价值。这样，自我接纳就与自我发展的内在动力绑定在一起了。

作为家长，我们有很多的机会可以让我们的孩子加速走上自我接纳的道路。当我们向孩子展示我们无条件地爱他们时，他们就会内化出这样的认知：他们不必为了赢得我们的爱而去做任何事情或者向我们证明他们自己。培养孩子内心的自我接纳感是从他们想要与我们分开的时候开始的。我们从那时起开始帮助他们发展自我意识（这是一种虽然抽象但却非常真实的内心生活的体验）。自我意识与自我身份认同、自我形象描述有关，但它并不局限于我们的外表看起来如何，也不局限于我们的感受如何。自我意识是对"我是谁"这个问题的内在认知。正如佛教哲学家释一行禅师[⊖]所说的，"意识到自我"就像"在我们的身体里找到一个家"。

我们应当引导我们的孩子找到这个内在的家，使他们发现真正奇妙的爱自己的能力。当我们的孩子学习爱他们的"真我"（正如唐纳德·温尼科特所定义的那样）时，他们就是在学习接受自己的弱点与优势、癖好与需求、胜利与失败。他们会以同情、宽恕和信任的态度看待自己，这使他们能够以同样的方式去对待生活中的其他人。他们的内心没有潜在的自我批评（这些有害的自我批评可能会破坏他们的动机，并对他们人际关系的建立造成障碍）。他们会觉得自己是完整的，而所有这一切都始于我们和孩子之间的亲子关系。

自尊心与自我接纳

我接触过的许多家长分不清自尊心和自我接纳的区别，这是很正常的。这两个术语现在被广泛地使用着并且经常会

⊖ 释一行禅师是越南著名的佛教僧侣、和平活动家和反越战倡议者。——译者注

被互换使用。自尊心指的是我们如何衡量或感受自己，而自我接纳则包括了对自我内在价值具有更深入、更稳定的内在认识的含义。当我们接纳自我时，我们能拥抱自己的方方面面而不仅仅是那些积极的、更"值得尊重"的部分。因此，自我接纳是无条件的、无门槛的，是自我认知的基础。

我们可以识别、意识到自己的弱点和有限性，但这种意识绝不会对我们全面接受自己产生阻碍，也不会削弱我们爱自己的能力。这也意味着自我接纳能够通过接受错误而不是评判错误来促进自我成长。它允许人们被一种想要改善自我的欲望所引导或者为了改变自我而努力。

当我们不考虑孩子的兴趣、性格以及他们在这个世界上的活动方式（例如他们的发型或服装选择）而无条件地爱他们时，我们所传达出的信息就是：他们被重视的就是他们自己本来的样子。同时，我们也表达了对他们的信任。这与帮助孩子建立自尊心是不同的。自尊心与成绩、成就、成功以及孩子的能力和技能有关。我们这些为人父母者是孩子的"第一任啦啦队队长"。我们认可并赞扬孩子做到的精彩的、美好的、神奇的或了不起的事情（从他们迈出第一步时为他们拍手叫好，到他们拿到毕业文凭时为他们鼓掌喝彩）。但是，我们的热情再无拘无束、肆无忌惮也是会有限度的，而且可能会在无意中向我们的孩子传递出这样的信息：

如果他们在场地赛中排名倒数第一会怎样？

如果他们在数学考试中得了 C 会怎样？

如果他们表现不佳没能进入学校足球队或高中音乐剧团会怎样？

当孩子们将这些不太理想的结果看作是你的爱与某些条件有关的征兆时，那就危险了。这里有些细微的差别需要我们注意：我们可以认可孩子的成就并支持他们追求目标的动机，但不能以破坏或削弱他们的自我意识为代价。有时，我们表现出的热情如此之高（虽然是充满爱意的），以至于当孩子在某项运动或考试中表现不佳、没有对每个人表现出友善或者没有从事你喜欢的活动时，他们会不确定自己是否仍然被你所爱。没能加入运动队并不是一种"能改变他们是谁"的失败，但如果他们把加入运动队等同于被父母珍视，那就真是一种巨大的失败。

甚至我们对孩子成就的表扬有时也会被孩子理解为具有交易的性质："如果我在某件事上做得很好，我的父母就会更关注我、更爱我。"此时的风险在于：那种我称之为"内心批评者"的东西开始在孩子的脑海中形成了，这是一种尖锐而刺耳的声音，它让孩子怀疑自己、苛刻地评判自己、忽视自己的实际需求并对自己产生全面的不信任感或不安全感。它与韧性是相悖的。脑海里有这种声音的孩子会根据从父母、老师和其他成年人那里得到赞扬或积极反馈的多少来定义他们的自我价值。与羞耻感类似，这种内心的自我批判会侵蚀孩子积极的自我意识。

我们中的大多数人都有一个"内心批评者"。好在作为成年人，我们更有能力去重塑这个声音，至少可以缩短它影响我们的时间。与成年人相比，孩子则更容易受到"内心批评者"的影响。他们可能会感到焦虑或变得完美主义。他们可能会回避那些不确定自己是否能很快获得成功的挑战，也缺乏动力去尝试新的体验。当这些反应变得根深蒂固时，它们就会干扰孩子的成长和发育。

玛丽卡的故事是一个很能说明上述问题的好例子。

玛丽卡是一个语言表达能力很强的 10 岁女孩。她在学校的表现一贯很好。学校的老师们都很欣赏她，而且常常表扬她。她的父母、祖父母和许多朋友也都是如此。玛丽卡的学习成绩很出色。她热爱数学。她还被大家打上了"天生领导者"的标签。但是，每当玛丽卡遇到一系列新的数学难题而她又无法马上找到答案时，她就会突然沉默下来、一言不发。她不向老师求助。她觉得肚子疼，不想去上学。如果别人没有对她频繁的成功给予赞扬的话，她就会觉得自己心神不宁，需要别人帮助才能重新稳定下来。

玛丽卡对妈妈说："我就是笨！我永远也做不出这些题！"

玛丽卡的妈妈提醒她说她可以做出那些数学题，而且一定会做出来的，只不过需要一些时间。玛丽卡依然保持沉默。她的眼里渐渐充满了泪水。玛丽卡的妈妈开始意识到，之前所有的赞美实际上都损害了玛丽卡对她自己的看法。玛丽卡一直以为自己什么都很擅长，但却看不到学习新知识是需要一个过程的。这对孩子来说是很大的压力。

玛丽卡的父母意识到他们需要别人的帮助来支持女儿。随着时间的推移，玛丽卡的父母和祖父母学会了向玛丽卡传达一种不同的信息：他们更关注她在学校付出的努力而不是结果。他们开始关注玛丽卡的进步，而不再讨论她的考试成绩；他们问玛丽卡大步前进时有什么感觉，而不再说她有多棒。

随着时间的推移，玛丽卡慢慢地用新的想法取代了她之前的完美主义态度。她开始相信学习是一个需要花费时间的过程，而错误（以及不太好的结果）是这个过程的一部分。这种态度将成为她自己专属的成功指南并帮助她建立起韧性，支持她迎接一个接一个的挑战。在学业方面，她再也不会一遇到某种障碍就马上感到困难重重而畏缩不前了。相反，她开始把学习看作是一个循序渐进的、有时前进有时倒退的过程。

令人感到鼓舞的消息是，作为孩子自我价值的第一个也是最重要的参照系，作为家长的你可以增强孩子的能力，帮助他们抵御发育出"内心批评者"。即便孩子的"内心批评者"已经出现了，你也可以减轻其对孩子产生的影响。无论孩子的年龄是大是小，他们都会持续不变地期待你反复地确认：你了解、珍爱且接受他们真实的自我。所以，作为孩子的父母，你需要面临的挑战是消除自己的偏见，认识孩子真实的自我。

"内心批评者"的产生通常源于孩子缺乏来自父母的认可。这种父母认可的不足会从孩子很小的时候开始并延续到孩子的成年期。一位 50 岁的女士告诉我，她那高度挑剔和苛刻的母亲终于因为她在从事富有挑战性的职业的同时把孩子抚养得很好而称赞了她。她说："你不知道我等她对我说这种积极正面的话等了多久。她甚至从来就没有承认过我是一个好妈妈。她所说的话无一例外全是对我的批评。我怀疑自己已经很久了。我非常非常需要听到她以母亲的身份来表扬我。"这些话出自一位事业非常成功的女性。她正在独自抚养几个生龙活虎、苗壮成长的孩子。虽然她在生活的各个方面都取得了成功，但她一直在怀疑自己并苦苦等待着来自母亲的认可。

类似地，一位十几岁孩子的父亲曾经告诉我："我是一个大器晚成的人。我 46 岁才当上父亲。我成年之后的大部分时间都用来努力取悦我的父亲，等待着他为我感到骄傲。虽然这件事从来都没有发生过，但我仍然很想要实现它。"

尽管我们有时很难理解孩子，但我们仍然要通过"学习接受孩子的真实自我并告诉孩子我们接纳他们的真实自我"的方式来帮助孩子不去苛责他们自己。

孩子可能有自己的时间表

孩子的需求有时会令人感到非常困惑或难以理解。我们可能会在不知不觉中忽视孩子的需求，或者也可能会以其他方式阻止自己去理解孩子的需求。有时候，我们会过于超前，会不耐烦地期望孩子在某个时间内改掉某些行为（尽管孩子没有改掉某些行为是有原因的）。但是，我们要明白：任何一个孩子都可能有专属于自己的发展过程，都会在自己的发展过程中时而前进两步，时而后退一步。

我们希望孩子能成熟起来并且"别再哭哭啼啼了"，因为他们"年龄太大了，所以不能再哭了"；我们希望孩子更有责任感、少黏着我们一些，或者能把他们的房间收拾得更整齐一些。我们也许会轻易地给孩子的行为贴上"退步"的标签，而没有看到我们面前的孩子正在向我们表达他们的某种需求。当孩子做出的行为比我们认为他们应该做出的行为"幼稚"时，常常都是有原因的。

三岁的阿黛尔是从两岁开始接受如厕训练的。她喜欢摇滚音乐，喜欢滚石乐队和甲壳虫乐队（就像她的父母一样），会要求父母播放这样的音乐。当她看自己最喜欢的图书时，她能把一些简单的单词读出来。她的父母常常惊叹："相对于她的年龄来说，阿黛尔是多么成熟啊。"

当阿黛尔坚持说她想"现在就睡大女孩的床"时，她的父母抓住机会把她婴儿床一侧的挡板撤掉了。家里终于没有小宝宝了！阿黛尔的爸爸泰和妈妈卡罗琳娜准备好以后只在家里带大孩子了。泰承认，自己更喜欢大孩子。所以，想象一下，当他们那看似成熟的阿黛尔拒绝待在那张撤掉了一侧挡板的床上、半夜时分在房子里走来走去、然后坚持说自己想重新穿上尿布的时候，他们是多么惊讶啊。然后，阿黛尔又出现了一系列的倒退行为。她开始使用婴儿的语言、要求用奶瓶喝奶（她已经有一年多没用奶瓶喝奶了）。她开始穿尿布、不再去使用抽水马桶。

当泰和卡罗琳娜找到我的时候，他们感到非常慌乱不安。

"到底发生了什么事？阿黛尔过去那么独立，而且，她正在走出自己的婴儿期。可是现在，她怎么又表现得像个婴儿了呢？"泰惊呼到。他似乎比妻子更加不开心。卡罗琳娜看起来很安静，但她低头看着自己的膝盖，双手紧紧地握在一起。

我建议我们大家坐下来，详细分析一下究竟发生了什么。我们聊得越来越多，泰和卡罗琳娜越来越能以新的角度重新审视阿黛尔三岁时的样子。他们承认，他们喜欢阿黛尔的"独立性格"和她的"强硬态度"，他们可能过于迎合了阿黛尔的这一特点。他们似乎也意识到：因为阿黛尔的哥哥比她大五岁，所以他们好像已经忘记了阿黛尔有多小。我劝他们把阿黛尔看成一个很小的孩子，与其说她是年龄小的儿童，不如说她是大一些的婴儿。

回到家之后，他们把撤掉的那块挡板又装回到了阿黛尔的婴儿床上（她又愿意上床去睡了）。他们让阿黛尔假装成婴儿，然后摇晃着她的小床，给她唱摇篮曲。临睡觉之前，他们又像她小时候那样依偎着她。泰有些犹豫不决，不知道这样做好不好。他希望我保证，如果他们以这种方式抱着阿黛尔安抚她的话，不会干扰到她想要长大的愿望，而且她也不会永远认为自己是一个婴儿。我向泰保证，如果他们能接受阿黛尔既有想要做回婴儿的一面，也有想要长大的一面（两者都共存于每个孩子的身上），那么她就会安定下来，再次感到安全，并渴望进步。孩子的父亲也同样需要手把手的指导。

几个星期后，阿黛尔又恢复了她愉快而坚强的生活方式。她的父母记起了她有多小，她再次感到长大是安全的。她的父母承认像她是个婴儿时那样抱着她、回忆她小时候的事情感觉很好。这就是一种父母需要调整自己以适应孩子的情况：

阿黛尔的需求是父母把她当小孩，即使爸爸已经准备好让她别再当小孩了。当父母关注阿黛尔的需求时，她感到了安慰和平静。她生长出了更多的安全感并及时向父母展示出她可以长大了。

我常常看到孩子动态的退步令家长感到十分不安或担忧。可以理解，孩子的这种变化会让我们大吃一惊。我们的反应可能是这样的："怎么了？你以前比现在做得要好很多啊！你完全有能力做得更多、更好。"虽然孩子也许的确有能力做得更多、更好，但此刻他们却做不到。我们很可能会快速行动，惩罚孩子或大发脾气。这种回应否定的是儿童和青少年有时会退步的事实，而孩子的退步则是他们传达自己需求的另一种方式。

如何看待你的孩子

接纳孩子也包括承认（而不是评判）他们的与众不同。正如本书在前文中提到的，我们有时会对孩子做出一些微妙的、含蓄的而且通常是下意识的反应。如果我们感觉到某个孩子与我们或他的兄弟姐妹不一样，我们可能会不经意地做出比较或批评："你为什么不能多像你的哥哥或姐姐一点儿呢？"这样的想法可能会被我们不假思索、直截了当地说出来，也可能会被我们安安静静地闷在心里。但即便是我们没有说出来，孩子仍然可以接收到我们内心的这种声音并将它们照单全收。

如果我们自己是个喜欢早起早睡的人，那么我们很可能无法真正理解为什么孩子喜欢熬夜和睡懒觉。如果我们是一个喜欢辛辣食物并以享受美食为傲的家庭，那么当孩子只想吃简单的食物（黄油意大利面、奶酪通心粉、炸鸡柳）时，我们可能会感到沮丧和焦虑。我们还可能会弄不明白孩子为什么那么喜欢看恐怖电影或听吵闹的音乐。尽管我们有这样那样的不理解，但我们仍然需要给孩子留出空间让他们做自己，让他们知道我们了解他们并信任他们，他们会因此而知道我们尊重他们的个人边界、他们彼时的需求以及那些能让他们感到舒适和快乐的事物。

作为家长，我们总会遇到一些要求我们重新评估我们对孩子的成见以及含蓄的（或不那么含蓄的）、未说出口的期望的时刻。意识到我们自己的偏见和期望可能会让我们感到害怕，但直面我们自己的恐惧和不适就意味着我们不想让它们妨碍我们支持孩子走上他们独特的成长道路。每个孩子都有一条自己独特的成长道路，每个孩子都需要父母陪着他们一起在那条路上行走。

儿童的特性和个性也可能会对我们无条件地完全接纳他

们提出更隐蔽的挑战。想想那个喜欢在家具尤其是客厅的沙发上蹦蹦跳跳的孩子吧。这种行为常常会让你气得发疯。你很可能会对他说（冲着他大喊）："你就不能安静一会儿待着别动吗？你从来都不好好听我的话。马上停下来，我就说这一次！"如果你之前是这样做的，那么下次你可以换个方法试试。你可以这样去理解孩子的真实自我：这是一个几乎总在不停活动的孩子。你不必因为他不断地需要活动而批评或羞辱他，但你可以给他制定一项规则：不能在沙发上跳。同时，你可以建议他去别的地方移动身体和跳跃。

有时，想要看到并理解我们的孩子需要什么或者尊重他们的生活方式对我们来说是非常困难的。当孩子只是做他们自己的时候，我们可能会在无意中去纠正他们或试图控制他们。这种情况通常会发生在孩子的品格／习惯与你自己的品格／习惯不同或者与你不喜欢的某种品格／习惯（那些你希望孩子不要模仿你的品格／习惯）相关的时候，或者孩子的某些习惯让我们感到烦恼的时候，例如：

- 早上很难被叫醒，或者总是不情不愿地慢吞吞地起床。
- 需要不停地活动，难以集中注意力。
- 特别偏好某种食物，拒绝吃其他的食物。
- 更喜欢待在家里，即使是阳光最灿烂的日子也不出门。
- 从来都不喜欢读书。

- 反复告诉你自己感到很无聊，没有事情可做。
- 只有一个好朋友并坚持说自己不想和其他任何人在一起。
- 反驳你提出的任何建议，即使在请求你帮助的时候也会反驳你的建议。
- 在参与社交活动之前会感到焦虑，拒绝参加生日派对、家庭聚会或者学校的社交活动。
- 对尝试任何新事物（包括衣服、食物或活动）都会感到犹豫不决。
- 如果真的加入了某项活动，会在真正投入活动之前往后站并观察很长的时间。
- 需要一遍又一遍地提醒才能去做家务。
- 不停地抱怨，似乎从来就没有满意过。
- 很少说谢谢，似乎从来都不会感恩。

那么，当你的孩子很难被理解、有经常让你感到沮丧的习惯或者有你不喜欢的品质时，作为父母你应该怎么做呢？首先，你要问问自己为什么这些习惯会令你感到困扰，因为深入了解你自己也许能让你从此转变，接纳孩子的真实自我。在支持和爱的关系中，理解孩子的行为或观点可以帮助你柔化对他们的看法，帮助你接纳他们而不是生他们的气。而且，请记住，不要觉得孩子的行为是故意针对你、故意要惹你生气的。

教孩子自己照顾自己

对自己的健康和福祉负责是孩子尊重自己并接纳自己的一种成长方式，尤其是当他们长大一些且更有能力的时候。我们应该积极教授孩子那些与自我照顾相关的技能，因为这是他们尊重自己的基础。我们应尽早向孩子展示如何照顾好自己、如何满足自己的需求。这将有助于确保孩子有能力以健康有效的方式管理未来的压力。和孩子一起做自我照顾的活动不仅有助于孩子建立起良好的、终身的习惯，还能让孩子知道在不确定或不稳定的时期，怎样做才能够让自己恢复平静和稳定。

自我照顾（从身体护理的日常习惯到需要一点刺激的特殊场合）有许多不同的形式。有时，这意味着让孩子放纵地去吃他们最喜欢的食物、给他们更多的时间去玩他们最喜欢的电子游戏或者允许他们连着看好几期电视综艺节目。但是，需要我们更多、更频繁地去做的是教授（并亲自示范）孩子自我照顾的行为。这些行为可以让孩子看到关心和照顾自己的身体会带来哪些好处。有能力在生理上和情绪上照顾自己的健康需求会让孩子产生自控力和自豪感。

你可以从孩子很小的时候就开始教授他们照顾自己的身体。你为他们规定好每日例程，定时定点给他们洗澡、刷牙、梳头以及哄他们睡觉。随着孩子年龄的增长，这些每日例程应该变成他们自己去做的自我照顾。你需要花点时间向孩子解释：良好的健康习惯会如何增强人的免疫力，让人的身体可以抵御病毒和细菌等讨厌的"入侵者"，或者良好的睡眠会如何帮助儿童长高。正如我前面提到的，尽可能别把这种指导变成一场讲座式的训斥，因为没有人喜欢听他人说教，所以你的孩子可能会听不进去。你可以在带孩子看牙医、找医生看病或其他与这些内容有自然关联的时间里去向孩子做这类的指导。

随着时间的推移，在对每日例程的不断重复和你的支持下，孩子将学会如何刷牙、如何清洗身体和隐私部位以及如何护理他们的头发。如果孩子有特殊的需求，如患上了湿疹或其他皮肤病，你可以教会孩子如何给自己的身体涂抹乳液或乳霜。你还可以向孩子解释晚上睡个好觉对他们白天的大脑功能有多重要以及会让他们的感觉有多好。

我自己的孩子们在年龄还小时常常不愿意按时睡觉。我会常常温柔而幽默地提醒他们：在每个人都睡觉的夜晚，如果他们也按时好好睡觉的话第二天会长高多少。我与不同的家庭打交道了许多年，同时，我也抚养了我自己的三个孩子。我的这些经验让我清楚地知道：帮助孩子养成良好的睡眠习惯是我们在身体、心理和情绪健康方面支持孩子的重要途径。

科学研究也明确地支持了睡眠对我们的终身健康和福祉的重要性。睡眠有助于孩子的生长发育、学习、自我调控、免疫力、如何与他人互动、如何应对逆境以及如何享受生活。睡眠是孩子韧性的一项重要基础。

当你从小教孩子如何照顾他们自己时，孩子会以能够自己照顾自己为荣。随着儿童渐渐接近青春期，他们会更加关注对自己身体的照顾。你可以让孩子阅读一些关于身体变化的书籍，让他们与你、他们的医生或其他们值得信赖的成年人聊一聊与他们身体变化相关的话题。这可以帮助他们对自己的身体负责，并降低因身体变化而感到羞耻的可能性。

你们还可以讨论青春期孩子在心情和情绪上的变化。在这种开放式的讨论中，孩子们会觉得自己更能控制变化并且能够更好地提出问题。这样的讨论也有助于减轻孩子的担忧，并帮助他们积极拥抱正在生长发育的自己。你本人也可以通过回顾自己青春期时对这类话题的感受或者别人那时就这类话题与你的沟通来使孩子获益。因为这样的回忆会让你意识到当时的"错误"或"不足之处"，并因此不再让它们干扰你对孩子说的话或者你对孩子的支持。我们的文化、原生家庭和我们从小长大的社区都在提供有关身体、青春期和性行为的信息，这些信息会影响我们的感受以及我们与孩子交流的内容。羞耻感通常会伴随着这些话题而产生。你越是能对此有所察觉，就越是能更好地向孩子传达积极正面的信息。

在成长的不同阶段，你的孩子可能会放弃自我照顾和对自己身体的护理，这是他们测试自主性的一种方式（"我今天真的必须洗澡吗？我身上有臭臭的味道又怎么样呢？"），但最终他们会认识到自我照顾和身体护理的重要性并主动去做。所以，虽然你的孩子还没有准备好自己照顾自己（或者已经大到可以自己照顾自己了，但仍然不太情愿自己照顾自己），你也还是要将这些信息不加评判地告诉他们。这是很重要的。

和孩子一起运动

运动是身体照护的一部分。无论孩子是大是小，家长和孩子一起运动（无论是在室内还是在室外）都是一种很好的方法，它既能增进亲子联结同时又能培养孩子健康的身体习惯。我们知道年幼的孩子需要活动他们的身体，所以我们会带着他们到处跑。但随着孩子不断长大，我们就越来越不关注孩子的这种需要了。在所有的年龄段，身体运动都有利于培养孩子终身的健康习惯。越来越多的科学数据证明久坐对我们的身心健康有极大的危害。我们越多将"与孩子一起运动"作为与孩子相处的一部分，孩子就越有可能养成这些终身的好习惯。

和孩子一起享受体能方面的活动也是和孩子建立联结的

好机会。随着孩子年龄的增长，我们可能会忘记这种共同运动的重要性，也会忘了这往往是父母和孩子共同分享快乐的好时机（例如，我和我的孩子们都喜欢骑自行车、打网球和观鸟）。在这些共享运动的时间里，你的孩子可能会敞开心扉和你谈天说地，主动告诉你他们心里在想什么（甚至都不用你发起提问）。

这种意想不到的亲密联结之所以会发生，是因为我们在那时没有向孩子提出任何要求，也没有给孩子设定规则或对孩子进行评判。我们只是和孩子待在一起，做着重复的运动。这种重复的运动可以帮助家长和孩子建立起联结，给家长创造了一段不必提出任何要求而只需好好倾听的时间。然后，即使是最安静的孩子也会向父母吐露心声的。想象一下父母和孩子一起玩抛接球或飞盘，或者两个人肩并肩散步的情景。这两种活动都有一种运动的节奏感，以及一种心情上的放松感。你的孩子（也许平时很少与你分享心里话）可能会因此愿意告诉你一些关于他们自己的事情，或者在沉思中自言自语说出一些他们生活中发生的事情。不是因为你曾经开口问过他们，而是因为你们在运动中联结在了一起。

除了运动带来的好处之外，花时间和孩子待在一起可以向孩子表明你喜欢和他们相处并看重他们真实的自我。你可以根据你家孩子的喜好选择下面这些运动：

- 一起走路。可以在你家周围或者附近的公园散步，或者走路去杂货店买东西。
- 一起遛狗。
- 一起在雨中漫步或在树林中徒步远足。
- 一起骑自行车。
- 一起玩抛接球／飞盘，一起踢足球。
- 一起在游乐场玩。
- 一起在后院或家里做翻越障碍训练。
- 一起做两个人都喜欢的运动，如网球、篮球、足球或乒乓球。
- 一起做耙地、种植、除草以及其他庭院里的园艺工作。
- 一起为参加跑步比赛做训练。
- 一起练习举重或从事其他的日常体育锻炼。

体能方面的活动还可以对孩子的大脑产生积极影响：锻炼得越多，他们的感觉就越好，他们的身心就越强壮，就越容易专注于完成学校的学习、家庭作业或他们选择的创造性任务。当孩子活动身体时，他们会增加自己拥有的总能量，然后就可以玩得更久。这个想法可能会非常有趣：运动会带来更多的运动。和孩子一起锻炼这件事不必搞得十分花哨或复杂，也不必墨守成规。你完全可以和孩子一起做些简单的运动，比如散步、骑自行车、拉伸或做瑜伽，或者在后院玩捉迷藏或捉人游戏。你的目的是帮助孩子意识到体能活动与快乐感之间的联系，为他们以后的生活奠定一个好基础，让他们在未来可以依靠体育锻炼来帮助自己管理压力、缓解焦虑以及度过艰难时刻。

如果你的孩子喜欢某项体育运动，即使你自己不会选择那项运动，甚至可能都不太了解那项运动，你也要支持他们。一位母亲说："我本人是一名有竞争力的长跑运动员，我也玩垒球，但是我的儿子只想踢足球，所以我强迫自己学习足球相关的基本规则以显示我对足球项目的兴趣。每当我分享哪怕是一点点足球方面的知识或者关心他在做什么来增进他的足球技能时，他都会很兴奋。"

你不必每场比赛都当教练或者守在赛场边来表示你对孩子参加运动的关心（尽管这可能是你喜欢的事情）。对孩子的支持可以是开车送孩子去训练或者当你和孩子坐下来吃饭时询问他们训练的情况。在少年棒球联盟的某个赛季里，我和我的孩子们报名参加了志愿者团队。在漫长的冬天过后，我们和其他志愿者一起把比赛要用的场地耙平，为即将开始的赛季做准备。事实证明，这次志愿劳动是一次很棒的体能活动，给我们带来了一个非常有趣好玩的下午。在一些社区，许多孩子会参与有组织的活动。然而，孩子（或家长）并不一定非要通过参加有组织的体育运动来进行定期身体保健、保持良好的健康与平衡。作为常规习惯的一部分，每日运动完全可以采取多种形式。

和孩子一起放松玩乐

我们经常会将咯咯笑、玩耍和开心玩耍看作是小孩子做的事情而忽略了它在人生中的重要性。健康平衡的生活应该包括娱乐和玩耍。此外，它也是对抗压力的一种内在的方式。当我们傻傻地闹着玩、尽情地享受游戏以及创造好玩和愉快的活动时，都在向孩子展示如何才能释放压力。从孩子很小的时候开始并终其一生，他们都可以这样去释放压力。小孩子不需要我们的帮助就能自己玩耍。他们奔跑、跳跃、搭积木、过家家、创造新东西、跟随自己的好奇心去玩或者凭着本能去玩。这是孩子生命的一部分，不必随着年龄的增长而让它消失，而且，我也坚信它不会消失的。玩耍的乐趣是平衡的生活不可或缺的组成部分，这种内在的和谐促进了一种自我接纳的感觉。和孩子一起分享欢乐和笑声能向孩子传递出一条明确的信息，那就是你喜欢和他们在一起。

作为孩子的父母，你可以示范并强调这种乐趣的重要性，以进一步强化孩子作为一个完整的人（包括其喜欢玩乐的部分）的内在感觉。孩子年龄越大，他们在学校课程和其他以目标为导向的活动中感受到的压力就越大，投入到非结构化或自发的游戏中的机会也越少。你一定要向孩子强调好玩、放松的时刻对每个人的健康都很重要。

根据孩子年龄和兴趣的不同，这样的放松时刻可能是：在家里组织一场"爆米花之夜"一起看一部电影，烤饼干或其他甜点，玩寻宝游戏，玩家庭桌游或纸牌游戏，花上好多天的时间一起完成一个大拼图，开彼此的玩笑或者讲述家庭内部的笑话，播放一些轻松的音乐然后跟着音乐跳舞……那些带来亲子联结和快乐的活动可以减轻每个人的压力。你可以帮助孩子将"放松和做一些纯粹为了快乐的事情"与"随之而来的积极情绪的增强"联系起来。这些并不是生活中多余的部分，相反，它们是生活必不可少的部分。

当你和孩子全身心地投入，一起享受快乐时，你不仅加强了自己与孩子之间的联结，还帮助孩子建立起了一个当你不在他们身边时他们可以求助的资源。我在我教的大学生们身上看到了这一点。在即将期中或期末考试的时候，他们会通过制作珠宝、喷涂墙绘或者从事其他的艺术活动（比如用橡皮泥和黏土来进行艺术创作）来释放压力。对于年轻人来说，重要的是要知道，为了健康发展和应对压力，他们的生活必须保持平衡。

花时间在户外

我们都知道花时间待在户外对我们有好处,但我们可能不知道花时间待在户外也是教孩子自我照顾的一种方法。花时间待在户外可以刺激人的生长和发育,并将我们与大自然联系起来。身处自然环境之中是学会关心自然环境的第一步。花时间待在户外还有助于我们建立自身的免疫系统,并为我们提供了另一种放松和抵御压力的方法。置身于大自然中对孩子和成人都有好处。

许多国家都在强调孩子花时间待在新鲜空气中的重要性(可以避免疾病和改善孩子的整体健康状况)。当我在新冠疫情的第一年(包括一整个漫长寒冷的冬季)在户外运营我们的幼儿成长计划时,我亲身体会到了帮助孩子们在自然环境(无论是雨雪、雨夹雪还是凛冽的寒风)中度过时光的价值。在那一年里,我最喜欢的记忆之一是:在一个寒冷潮湿的日子里,一群两三岁的孩子张开他们的小嘴去接天上落下的大雨。冰冷的雨水打在孩子们的脸上,他们开心地大笑着。大人们只觉得天气很冷,但孩子们却享受到了满满的快乐。家长们一遍又一遍地告诉我说他们的孩子在外出活动的那些日子里睡得有多香。

我建议你与你的孩子一起去了解你们当地每个季节的不

同。如果你们住在城市，那么就花时间待在公园和游乐场里。让孩子与各个年龄段的孩子一起去探索新的社区、寻找新的玩耍场所等，这些都是很不错的共享活动。

如果你们住在自然保护区或森林附近的话，你们可以步行穿越树林。我要感谢我的丈夫。他热爱大自然、喜欢远足和户外活动。我家的男孩子们最喜欢的活动是在树林里（或者在附近的任何一个公园里）将断了之后横倒在地上的原木翻开，去看下面"住"着什么生物。你可以和你的孩子一起去远足。无论孩子是想参与别人规划好的集体远足活动（尤其是当他们长大了一些之后）还是只想和你一个人去远足，这种活动都可以为孩子提供一个与大自然联结的机会以及自由自在的感觉（你可以想象一下孩子在远足中当"领头羊"或带领家人走在路上时他们所感受到的快乐和独立）。

如果你们住的地方靠近某个水域或在海滩附近，你可以和孩子一起去寻找贝壳或其他宝藏。我最珍贵的回忆之一是小时候在伊利湖岸边寻找海玻璃⊖和漂流木。直到今天，我走在任何海滩上时，眼睛都会向下看，继续寻找海玻璃和漂流木。

⊖　在海滩或大型湖泊边发现的人造玻璃残骸，它们表面锋利的棱角被水流和砂石打磨得非常光滑。——译者注

也许你的家人更喜欢冒险，他们热爱露营、潜水或者更长时间的全天徒步活动。任何户外活动以及所有在自然风光中度过的时间，都会帮助你的孩子同时建立起与大自然的联系以及一段与你在一起的回忆。此外，户外活动也给孩子提供了大量解决问题和渡过难关的机会（如何在木头潮湿的时候点燃营地的篝火，如何通过一条以前没走过的小路去往目的地，或者去自己最喜欢的游乐场应该乘哪路公交车），并让孩子产生一种对户外活动的热爱。你的孩子将会喜欢上户外活动并将其纳入到他们的余生之中。随着孩子步入青春期，和朋友一起去户外冒险是一种能让他们在社交的同时增强独立性的方式之一。

户外活动向孩子传递的重要信息是：外出对他们的身体健康以及他们对自己的感觉来说是非常重要的，"爱自己"这件事情本身就包括要与大自然进行联结。你不必为了户外活动而去精挑细选地点。你家的院子、公共花园或者你家附近的街心公园都可以给孩子提供享受新鲜空气的机会。

在社区里做志愿者帮助其他人

正如上一章所提到的，为他人做事会让我们感觉良好，对我们的整体健康有积极的影响。研究结果表明，更有安全感、更能接纳自己的人也更愿意给予他人帮助。这是一个良性循环：帮助他人让我们自我感觉良好，自我感觉良好又让我们更愿意去帮助他人。这种与他人的联结感增加了我们内心的完整性和对自己的爱。它提醒我们，我们是一个更大的圈子（即我们所住的社区）的一部分。

当家长在自己的生活中以身作则帮助他人并为孩子提供加入进来一起帮助他人的机会时，家长就给孩子灌输了一种在生活中可以遵循的乐善好施的思维习惯。

我过去常常在孩子年龄很小的时候带他们在春天的"社区玩沙日"做志愿者，帮忙填满社区操场的沙箱，以此作为他们在社区内帮助他人的开始。

你可以带上你的孩子去参加另一种社区活动——"街心公园日"，你们可以在那儿做志愿者帮忙种植花草或清除杂草。向当地的衣物捐赠处捐衣服或者向当地的食物银行捐食物是孩子们可以参与的另一种活动。你也可以让孩子给当地养老院的老人写信。

有一个家庭告诉我，当听说很多移民家庭将要搬到他们所住的地区时，他们家正在上小学的孩子们想要制作一些贺卡放入大人们准备的"欢迎大礼包"中送给那些家庭。之后，他们的孩子又非常开心地把"欢迎大礼包"和他们自制的礼物送去交给那些家庭并且与那些家庭中的一些孩子们一起玩耍。这样的行为教会了孩子什么呢？它让孩子知道了他们和新来的家庭有很多共同之处：所有的孩子都喜欢游戏玩耍。

随着孩子年龄的增长，将会出现更多新的他们可以帮助他人的机会。你孩子的学校就可能会有这样的安排。例如：为本地医院或护理中心制作节日装饰品，或者为本地的慈善食品派发站组织制作、捐赠食品。你也可以直接建议孩子参与一些帮助他人的活动，包括：

- 分享自己的资源（孩子将自己的零食分享给忘记带零食的朋友，或者把自己几周的零用钱攒起来捐给有需要的人或组织，比如动物保护组织或致力于改善全球变暖的公益组织）。一位朋友告诉我，当石油泄漏事故发生时，他们的一个孩子看到海洋生物正在死亡，就问父母自己是否可以捐款去帮助那些动物。通过研究，他们找到了一个公益组织。该组织会帮助清理受影响地区的鸭子身上沾染的油污。孩子于是在他们家周围做了更多的零工，然后把自己挣到的钱捐给了这项事业。每个孩子都有不同的兴趣点，你可以试着去了解他们在关心什么。

- 奉献自己的时间。你可以鼓励孩子去宠物收容所做志愿者、加入社区清洁队或者放学后留下来辅导年幼的小孩，这些活动都能给他们带来回报。儿童和青少年都能从这些为他人付出的活动中获得极大的满足。

- 帮助有需要的邻居。也许住在你家附近的某位老人生病了不能去商店买东西。你可以鼓励孩子主动帮那位生病的老人遛狗、给植物浇水或者帮助他们把门前步道上的雪扫干净。你和你的孩子甚至可以组织一个邻里互助小组去帮助那位生病的老人。

- 表现出同理心和同情心。就像你在自己的孩子遇到困难时向他们表现出同理心和同情心一样，你可以鼓励孩子把同理心和同情心沿用到他们的同龄人身上：在有人受到伤害时说句安慰的话，在朋友遇到麻烦时主动倾听朋友的诉说。即使在一切都好的顺境中，利他主义也是可以被实践的。一位家长告诉我，他们的孩子上四年级，孩子班上的两位老师都怀孕了。在家长们的帮助下，孩子们为两位老师组织了一场庆祝新生儿即将到来的活动，并集资为每位老师购买了礼物。孩子们分享着两位老师的家里都即将添丁进口的兴奋和快乐。

无论利他的行为是有组织的还是非正式的，是持续去做的还是一次性的（比如临时帮助朋友或其他有需要的人），它们都会给儿童和青少年提供一个有意义的机会，让他们能够为他人付出并由此体验到自己是一个善良、有爱心的人。而且，帮助他人还能在孩子的内心强化那种"自己是'比自己更大的事物'的一部分"的感觉。

练习感恩

我们也可以帮助孩子建立一种感恩之心。这样做，让他们可以专注于自己所拥有的并变得更能接受自己。研究表明，专注自己所拥有的东西及接纳自我这两件事与韧性和乐观的人生态度密切相关。有很多新的研究在关注"培养感恩之心是如何改善健康的"这个课题，其研究成果表明：感恩可以缓冲消极的状态和情绪。这些研究及其成果非常可靠，它们催生了基于证据的"感恩干预措施"。下面我将一些"感恩干预"的方法罗列出来。你可以自己尝试，也可以和孩子一起尝试：

- 建立一种家庭仪式：每晚每人说出至少一件自己想要感恩的事情。你们可以使用这样的句型："今天令我很高兴的事情是……""很高兴发生了……"或者"今天……帮助了我"。

- 写一张清单，列出你喜欢自己的哪些特点以及你感恩自己拥有哪些品格。养成习惯定期在这份清单上添加进新的内容。再写一张清单，列出自己在哪些方面还不够完美，或者哪些品格能让你成为真正的自己但你目前还没有具备。这样做能帮助你全面地接纳自己。

- 列出你和你的家人想要感恩的事物或人。可以每天写一次，也可以隔一段时间写一次（记得要不断地加入新的内容）。

- 当孩子稍稍长大一点之后（尤其是如果孩子喜欢写字的话），你可以建议他们写一本个人感恩日记，每天记录一下当天发生的积极正面的事情和他们生活中想要感恩的事情。

- 给孩子生活中的人（家人、朋友、教练或老师）写感谢信（年幼的孩子可以画画或口头向对方表示感谢）。这些感谢信要突出强调某人对孩子的帮助（无论这种帮助是大是小）。你可以让孩子自己决定他们想给谁写感谢信。

- 养成表达感谢的习惯：当祖父母、亲戚或朋友给你的孩子送礼物或带他们去特别的地方游玩时，帮助你的孩子给对方写感谢信或者打电话向对方表示感谢。

这些练习可能听起来并不稀奇，而且做法都很简单。我之所以在这里强调它们，是因为"表达感恩"和"韧性"之间的联系是明确而清晰的。而且，这些练习很容易实施，因此可以成为孩子日常生活方式的一部分。

正念练习

"正念"是一个今天经常被提及和讨论的术语，而且我发现它是一个值得被探究的重要的术语。最近，我一直在将我的养育方法更直接地与正念技巧联系起来。我的做法是要求父母活在当下，不要把注意力集中在孩子今天的行为对他们未来（无论这个"未来"是下周还是明年）的影响上。

我给家长们提出建议：当内心的担忧驱使自己要迅速采取行动而不是仔细思考是什么导致了孩子的行为时，可以通过呼气、吸气和念"咒语"的方法来让自己稳定下来，慢下来。

正念让我们活在当下，专注于此时此地，并提高觉察和反思我们情绪状态的能力。通过更直接地运用正念技巧，我再次看到了培养自我关怀的重要性。自我关怀能让孩子（以及父母）认识并接纳自己的感受，而不是不断地挑战和责备自己，要求自己"成为更好的人""做得更好""做得更多"或者在某种程度上改变真正的自我。

正念指的是活在当下、意识到当下、专注于当下。越来越多的证据表明，我们的年轻人和成年人的焦虑、抑郁和整体压力都在增加，专注于当下是一种可以对抗压力和负担的做法。研究表明，正念可以提升人的幸福感、健康水平和韧性。慢下来对我们有好处。同样重要的是，正念也与更强的自我意识和自我接纳呈正相关。哈佛大学的心理学教授埃伦·兰格和雪莱·卡森在他们的广泛研究中表明，"减少自我评估并用自我接纳取而代之的最简单、最自然的方法之一是采用正念的而非无意识的心态"。

兰格和卡森将"正念心态"定义为：能够从多个角度看待境况并根据实际情况转换视角的能力。相比之下，无意识心态则是"一种僵化的状态，在这种状态中的人会坚持一个单一的观点并无意识地行动"。对我们的孩子来说，无意识心态的危险在于：他们会陷入消极的想法而不是认识到消极的情绪和经历只是他们真实自我的许多方面之一。我根据卡森和兰格开发的技术编制了以下这些方法，你可以考虑按照这些建议将"正念心态"融入你和孩子的关系之中，你自己也可以自行练习这些方法。

你可以鼓励并教会你的孩子：

- 积极注意自己周围的新事物（如盛开的花朵或秋天树叶的变化）并将惊喜记录下来。这种对事物积极的一面及变化的注意，会激发孩子建立起"探索事物新的、未被发现的方面"的好习惯。
- 将自己视为"正在进行时"，强化一种成长型的思维模式。将事故和错误看作是任何过程的一部分。这种做法可以抵

消羞耻感，因为搞砸某件事和无法马上得到答案是生活的
常态。

- 思考生活中令人困惑的、具有讽刺意味的以及自相矛盾的
事情。这有助于孩子以宽容的态度面对生活中许许多多模
棱两可的、相互不一致的事物。教会孩子将这些事物看作
是"意料之外的事情"，就像是在为人生做准备。

我们可以（以尊重的态度）在情境中加入一些幽默和轻
松的元素，让孩子立即看到一种新的或意想不到的情况。这
是我自己"保持轻松"的方式。当我们需要面对艰难的处境
时，这是非常有用的方法。同时，我们要尽最大的努力向我
们的孩子传达这样一条信息：看似无法克服、不可逾越的艰
难时刻，也许并不是那么沉重和黑暗。

神经科学家的研究表明，正念练习也有助于人们建立起
对自我的非评判态度。威斯康星大学麦迪逊分校的心理学教
授及健康心理中心主任理查德·戴维森针对"简单的正念练习
（如呼吸练习）如何改善一个人对自己和他人的态度、提升情
绪自控力、平息焦虑以及改善身心综合健康状况"这个课题
进行了广泛的研究。我自己则越来越多地将简单的正念练习
融入到了我个人的生活之中。而且，我在与孩子和家长的合
作中也引入了正念练习并观察到了他们情绪和态度的明显变

化。正念练习有助于人们获得一种内在的自我控制感,这是自我接纳的另一个方面。建议你带着孩子一起尝试以放松的方式去做以下这些活动(你也可以做一些改动以适应你自己的情况)。这样,孩子(尤其是当他们长大一些之后)就可以将这些活动作为技能添加到他们不断增长的韧性资源中了:

- 和孩子一起做三次呼吸,慢慢地吸气和呼气。你自己先示范,然后让孩子跟着你做。接着,让孩子示范,你跟着孩子做。你们可以一起进行一种有节奏的运动,享受你们在一起的时光。

- 偶尔尝试安静地吃饭,注意品尝和吞咽食物的感官体验。根据你孩子年龄的大小,你们可以在一餐中较长(或较短)的时间里做这个练习。之后,谈谈你们每个人在安静吃饭时发现了什么,描述一下自己的感觉如何。

- 安静地坐着,做短时间的冥想。你们可以从三到五分钟的冥想开始(多次练习后可以逐渐延长时间)。你们可以使用某个计时的应用程序或自己设置一种计时方法。你可以使用简单的指令让大家坐下来,专注于当下,比如:"专注于你的呼吸,如果你走神了,不要抗拒,把你的注意力带回到呼吸上来。"或者"专注于你的身体。从头顶开始,慢慢向下移动你的注意力。注意身体的每个部位。感受你身体下面的椅子(或地板)。"

虽然早已众所周知但是仍然值得反复重申的一点是：我们的孩子和我们自己完全不同是我们要面对的最大的挑战。因此，我强烈建议你从自己开始，思考如何接纳自我，这样你才可以培养出一个有韧性的孩子。

"你"因素

你需要刻意的努力和刻意的诚实才能真正接纳你的孩子，才能真正看到你面前的"这个孩子"（不是那个与他的兄弟姐妹或你本人相似或不同的孩子，也不是那个让你想起你自己的父母或专横的哥哥姐姐的孩子，更不是那个你希望他成为的孩子）。

这可能意味着你要改变自己看待他的视角，这样你就不会认为"这个孩子"在某些方面有所欠缺，也不会那么渴望他们能成为和他们的真实自我不一样的人。

这还意味着你要意识到你自己的偏见、欲望和对孩子的期望以及它们会如何影响你对孩子的看法和判断。有时，家长们会告诉我，他们羞于面对自己的偏见或带有成见的期望。我鼓励大家接受"我们所有人都会有偏见、欲望和成见"的事实，它们是我们真实自我的一部分，会被我们带入到我们的育儿过程之中。我们越是意识到自己的这些偏见，就越是有能力清楚地"看见"我们的每一个孩子。

儿童会通过"阅读"我们成年人的意图和语音、语调来获得真相。所以，保持真诚是很重要的。因为这样才能让孩子觉得我们和他们之间有一种真实的联结。我们对孩子的一些评论看起来可能无伤大雅、无毒无害并且出于爱与善意，但孩子却可能会从这些评论中听出不同的意思。

例如，你的父亲是一位了不起的运动员，你的儿子常常会让你想起他。你很喜欢这种感觉并且将这种感觉告诉了你的儿子。但是，当你同时回忆起你父亲曾经对你和你的兄弟姐妹过分严厉的时候，你的儿子也听到了。在他 10 岁的头脑中，他在所有方面都像你的父亲，他相信当你（他所钦佩和崇拜的爸爸）看着他时，你看到的只是你自己的父亲，你认为他既具备爷爷的优点也具备爷爷的缺点。这件事的风险在于：你的孩子会接受这样的想法，害怕自己拥有爷爷不好的一面并由此发展出他自己的"内心批评者"。他会为自己感到羞耻。

当你随口对你 13 岁的女儿说晚餐不要吃太多时，你可能没有意识到这会让她认为，你只会在她瘦的时候爱她。

奥黛丽是一位母亲，是我主持的一个长期育儿小组中的一员。她曾说起自己 16 岁的女儿赛迪（她在一次旅行后体重下降了）是如何指责母亲不该对她的体重下降妄加评论的。

奥黛丽回忆道："我对她说，她看起来棒极了！她从一次户外探险旅行中回到家，瘦了很多，不再是青春期胖胖的样子了。她能以良好的形象回到学校这件事让我感到非常兴奋和激动。但是，她转过身来对我说'妈妈，这是我的身体，不是你的！我不喜欢你谈论我的外表'。可是，那时我只是想表示对她的称赞啊。"

这位母亲显然对女儿的这种反应感到非常惊讶。她有些生女儿的气。毕竟，她说那些话时并没有带着丝毫的恶意。

当我向奥黛丽询问与她自己的外貌相关的经历时，她分享了自己大学一年级返校时体重增加的一个故事。在体重增加后的整个夏天，她做了两份不同的服务员工作，减掉了之前增重的 14 公斤。有一天晚上，被她形容为"很难取悦"的母亲转向她，显得非常开心，并且对她说"你又做回我的女儿了"。十几岁的奥黛丽在那时被母亲的话吓了一大跳。

"我感到非常羞耻，而且我被激怒了。当时我不知道自己为什么那么生气，但我就是特别生气。"奥黛丽解释道："显而易见，当我符合她狭隘的标准时，她才最爱我。"

在我们进一步的讨论中，我了解到在奥黛丽成长的过程中，她的母亲曾在家里对她吃的食物含蓄地表示过关注，并曾对她的体重、长相或健康状况做出过评论。对许多家庭

（无论来自哪种文化背景，也包括我自己的家庭）来说，这些都是普遍的现象。

我们的育儿小组有一天讨论了这个案例。很多家长都频频点头表示理解。奥黛丽正在不知不觉中模仿母亲过去对自己体重和外貌的态度，而且也在不知不觉中让这种态度妨碍了自己对女儿真实自我的解读。

"我真的不在乎赛迪长什么样子。我只是想让她以一种我自己没有得到过的方式感受到被爱。我自己过去曾常常受到母亲的评判。"

当我们讨论到"不评判孩子"的方法就是"完全不加以评论"时，她才注意到了其中的差别。"也许我需要先让赛迪告诉我她对自己的感觉，然后我才能对她表示认可。"

另一位母亲分享道："我是家里唯一一个有曲线身材的人。我的两个姐姐和妈妈都为她们自己的苗条身材而感到非常自豪。她们都拥有小巧的臀部和胸部，唯有我不是。我妈妈会说'哦，你遗传了你爸爸那边家庭的特点'，这可绝不是一种赞赏。"

我们育儿小组的家长们一个接一个地进行了分享。他们认识到每个人的家庭中都有那么多的评判，而他们自己之前却从未意识到这一点。虽然那些评判通常都是关于体重和美貌的，但他们也继而联想到了自己曾经受到的与学习成绩相关的评判和其他压力："我家关注的焦点是谁比较聪明。""我的父母关注我是否能成为顶级运动员，但我从来没有做到过。"如果想要避免将自己的童年碎片带入自己的育儿过程从而妨碍自己"看见"并接纳孩子的真实自我的话，那么我们首先就要意识到自己曾在原生家庭中受到过哪些评判。

我们对孩子说话的方式可能会反映出我们内心的自我对话（尤其是消极的那种）。那些无意中批评或评判孩子的父母往往是出于他们内心的自我批评。他们内心的需求似乎从来没有被满足过。

那么，我们该如何获得这种自我意识，减少对自己的严厉批评进而减少对孩子的严厉批评呢？

1. 在它发生的时候我们要能够识别出来。问问你自己：我是在对自己妄加评判吗？我是否对自己或我的孩子有消极的想法（她永远不会听我的话，他太懒了，我是个糟糕的家长）？

2. 问问自己，你是否在直接或间接地批评孩子："你从来不听我的话，你到底怎么回事？""你为什么对我如此刻薄？""你难道就不能少动来动去的吗？"

3. 停下来留意自己的想法和行为。不要因为自己的想法或自我批评而感到自责，要和它们好好相处。对这些想法的留意会让你意识到它们，这是关键的一步，也是你做出改变的前提。你需要提高自己捕捉这类想法并对它们加以抑制的能力。

4.尽你所能阻止自己因为有这些想法而感到难过。它们与你过去的经历息息相关。消极的想法不会突然地出现，它们是扎根在某处的。每一种消极情绪都有它出现的背景故事（即使你还没有意识到那个背景故事是什么）。更深层次的工作是揭开那个背景故事的面纱。但作为第一步，停下来并意识到"消极情绪背后必定有一个背景故事"这一点是很重要的。

5.问问你自己：是什么让我觉得做这件事的方法有好坏之分？我是在拿谁的标准来衡量我自己（或我的孩子）？

许多家长（尤其是母亲，但并不限于母亲）会在来访的亲戚评论他们与孩子的互动方式时感到不开心。比如，对方可能会说："你应该好好管教他。""你给她太多的自由了。""我是绝不会让我家的青少年那样对我说话的。"即使亲戚们那样说是出于好意，但他们的评论还是会让你感到厌烦、生气，而且，你会开始质疑自己作为孩子的父母所做的各种决定。你和你的伴侣会为做各种决定而争吵。在你变得更加气恼之前，你可以试着拦住自己。与其让亲戚们的评论把你推入消极的漩涡，不如问问自己为什么这条评论让你如此生气。在你小时候有谁质疑过你吗？亲戚的评论让你想起了谁的声音吗？你越是能够找到负面想法和负面联想的来源，这些想法和联想对你的副作用就越小。不过，即使深入挖掘之后仍然确定不了你产生这些负面想法的原因，你也要对自己冷静地说："我有这些想法没关系。我可以意识到它们但我不会按照它们去做事。我没必要贬低我自己（或我的孩子）。"

停止自我批评的想法或者停止对孩子的评判都需要时间。当你注意到某种规律（反复地认为孩子懒惰或没有动力，希望他们多出去社交，认为孩子讨厌你而只想跟他们的另一位家长待在一起，或者总是消极地看待别人对自己的评论）又发生了的时候，立即停下来问问自己这些想法是从哪里来的。

这种自我反省可以提高你自我觉察的能力，帮助你更好地善待自己，最终善待你的孩子。有时，你会对孩子说出批评的话。关键是你要拦住自己，注意到其消极的一面，然后回到孩子身边进行修复。你可以说："我知道我责备了你没有认真完成家里的任务。我还说你懒惰。那可真不好，我不该那么说的。我向你道歉。"然后看看你是否能帮助孩子完成那些任务。你的口头道歉和实际帮助孩子的行动向孩子表明了你真的觉得很抱歉。

用道歉来弥补对孩子的批评可以重新将你们两人联结

起来（即使你的孩子可能需要一段时间才能完全接受你的道歉）。你要给孩子留出他们需要的空间。这样做能向孩子示范如何承认自己的错误，同时让孩子知道虽然你说的话很严厉，但你仍然爱他们，而且，即使是他们所信任和爱戴的父母也都不是完美的人。

我们能给孩子的最大的礼物就是真诚而彻底地接纳他们真实的自我，这意味着我们要接纳他们所有的部分（积极的、消极的、优点和缺点）。这也意味着，我们要帮助孩子成长，让他们意识到自己是谁、自己需要什么来保持平衡以及当自己有需要时如何寻求他人的帮助。支持孩子成为最好的、真实的自己的一个主要因素是你——孩子的父母。正如我们在这本书中通篇所讨论的那样，你的孩子会向你寻求安慰、限制和认可。通过你们良好的亲子关系（它对孩子的包容和锚定），你将为孩子铺好一条建立强大韧性的道路。

你有自己平行的自我接纳之旅。当你能够深入了解自己，意识到自己的需求和欲望时，你就能更好地接纳自己（你的缺点和不安全感以及你的优点和美德）。你会更有能力把你的孩子视为一个独立的人、一个值得被无条件"看见"和珍爱的人。在这种爱的扩展过程中，你的孩子会感受它、吸收它，并成长为他们要成为的独特而独立的个体。

需要进行反思的问题

作为孩子的家长，我们可能没有意识到自己的思维方式或经历可能会干扰我们对孩子的看法以及我们与孩子的关系。意识到这些障碍可以帮助我们更清晰、更全面地看待我们的孩子，并学会庆祝他们成为他们应该成为的人。这种摆脱偏见和增强自我意识的反思是需要培养的。在这个过程中要对自己有耐心。

- 当你自己还是个孩子的时候，你觉得自己是被人"看见"和接纳的吗？是谁这样"拥抱"你的？如果你没有被人接纳的经历的话，想想那对你来说是一种什么样的感觉，以及你希望当年能有什么不同的事情发生。

- 你是否记得自己小时候被别人误解过？想想那是什么时候发生的以及你当时的感受如何。

- 你是否曾经觉得自己必须采取某种特定的行动或做出某种特定的选择去取悦父母或其他的成年人？

- 关于你自己，有哪些方面是你曾希望父母了解但他们却没有做到的？这会让你小时候有什么不同的感觉吗？你认为它会如何影响你成年后的生活呢？

- 你是否还记得父母或其他成年人因为你没有按照某种方式行事或没有达到他们对你的期望而减少了对你的喜爱或者责骂了你？那对你来说是什么感觉？

- 你是否收到过这样的信息："你不讨人喜欢""你不是一个好孩子"或者"成年人不喜欢你的行为举止"？那是什么时候发生的？关于那件事，你还能回忆起什么吗？

- 你是否记得自己小时候某次因为没有达到成年人的期望而受到惩罚或羞辱？那是什么时候发生的？你当时是如何反应的？

- 你有没有意识到你自己的"内心批评者"（那是对你自己最严厉的批评）？你什么时候会听到那种批评的声音？那个批评你的声音是谁发出的？你能做出哪种回应去对抗那个负面的声音呢？

- 大人曾对你有什么期望？这些期望是合理的还是难以实现的？

- 你是否发现自己陷入了"半杯空"⊖的思维模式？什么时候会发生这种情况，它关注的是什么？

⊖ 指倾向于消极的思维模式。——译者注

- 你愿意改变自己的观点和培养更积极的情绪吗？是什么阻碍了你的改变？

- 你是否记得有哪位家长或其他成年人在听你说话的时候没有对你进行评判或批评？回想一下这件事发生的时间、那个人是谁以及那次谈话给你带来了什么样的感受。

- 你练习过自我关怀吗？当你把某件事情搞砸时，你会做些什么来善待自己呢？

- 你目前对孩子的期望是在帮助你还是在阻碍你真正接纳孩子？你能做些什么来更好地接纳孩子的真实自我呢？

- 你对孩子的期望从何而来？是谁的声音指引着你做出这个期望的？这个期望合理吗？

- 为了更好地理解和接纳孩子，你有多大可能去改变你对孩子的期望呢？

后　记

撰写这本书的时候，我同时在帮助一位年轻的朋友做初为人母的准备。对我们每个人来说，一生中最伟大、最具变革性的转变之一是发生在自己初次为人父母的时候。我看着那位朋友为她第一个孩子的到来做着各种准备，看着她和她的伴侣在离开故土来到一个新的国家之后准备承担起"父母"这个改变人生的新角色，我看着他们摸索着一步步前进，与他们的新生儿一起进入了新的生活节奏。

最令我感到惊奇的是他们所体验到的难以置信的快乐。他们不断地向他人分享新生儿的"神奇事迹"和那些全家人共同欢乐的时刻：宝宝微笑了、宝宝大笑了、宝宝发出呢喃的声音了、宝宝开始学说话了、宝宝会找父母了。他们与孩子之间的联结是那么明显，我知道这种爱正在播下安全、保护、信任的种子，让他们的孩子将来能够拥有走出家门、走向世界的能力。

当我们给孩子提供一个充满爱的大本营，帮助孩子面对生活中所有的美好和复杂，让孩子感受到被爱并教会孩子如何去爱他人的时候，孩子就会变得像根深蒂固的大树一样稳定。然后，他们就能够在自己的内部成长壮大并走向更大的社区和世界。他们将感到自己既有动力为这个世界做出贡献，又有能力体验生活的乐趣和神奇。

当然，他们也会遇到不确定的时期、挑战和失望，其中一些会给他们带来意想不到的快乐，而另一些则会让他们感到艰难和痛苦。但无论事件的本身或其结果如何，孩子的"根"都会保持韧性，使他们能够自我调整好并继续成长。

孩子的韧性首先植根于他们与我们（孩子的家长）的关系之中。正是我们的爱、善良和关怀让他们可以将自己的"根"扎得深、长得壮，让他们可以枝繁叶茂、花团锦簇。

将孩子从婴儿抚养为成年人的过程本身就是对我们自己的韧性以及孩子的韧性的证明，而其最好的衡量标准是：即使孩子已经彻底走出了家门，走入了世界，他们仍然想要回到家里来。

为人父母既是一种挑战，也是一种乐趣，其间充满了快乐和神秘、期盼和未知。然而，我们遇到的所有问题都可以求助于前人的智慧以及我们从多年的科学研究、实践操作以及与家庭和儿童的合作中所获得的知识。

我在这本书里想要揭示的是：所有的孩子都需要独立和茁壮成长、爱自己和接纳自己以及关爱他人。你在亲子关系中提供的容器和锚定的作用会直接影响到以上的结果。不过，请记住，你是无法自己独自完成这件事的。因此，你可以试着在亲戚、邻居、教师或朋友中寻找一些志同道合的人来一路支持你。你也可以在需要的时候去求助专业人士。你需要常常原谅你自己并且去爱孩子真实的自我。在生活中你要一步一步慢慢来，并且在心中知道自己的用意始终是好的。

"进两步退一步"是学习怎样做父母和怎样理解孩子的好方法。你能行的。你有力量去做。你要享受这趟旅程并保持幽默感。这真的很有帮助！

致　谢

这是一本关于人际关系的书，关注的是亲子关系的发展和育儿生活。支持我写完这本书的正是我的那些人际关系。我的内心对许多与我有关系的人们充满了感激。我的这些关系有些来自于我的工作领域，有些来自于我的个人生活领域，其中很多人在这两个领域都与我有交集。

首先，我要感谢我的图书经纪人伊法特·赖斯·根德尔和她的助理阿什利·纳皮尔，感谢你们的指导、支持和鼓励，感谢你们积极努力地推动这本书的出版。感谢哈珀·柯林斯出版社的整个团队，感谢你们信任这本书的内容以及我本人的工作，感谢你们认可"不确定性是生活中可以确定的部分"。感谢我的编辑凯伦·里纳尔迪和柯比·桑德迈尔，感谢你们中途接手了我的手稿并全心全意地致力于将其出版，感谢你们认可这个世界非常需要这本书，感谢你们所做的努力。感谢营销团队和所有将本书推荐给读者的人们。

　　我要特别感谢我的朋友兼合作者比利·菲茨帕特里克。我们从 2016 年开始讨论"不确定性"这个话题。然后，世界发生了变化。你陪伴我一起走过那些变化，听取我对育儿、创伤、日常生活挑战和未知的看法。我们俩的生活都发生了改变，我们的孩子都步入了青年期，我们在新冠疫情中都失去了亲朋好友。我们之间的友谊、疫情中不确定的时期、我们之间多次的谈话交流以及你所贡献的技能（特别是当我们的编辑团队发生变化时）促成了这本书的成书。因此，怎样感谢你都不为过。

　　是诸多终身友谊的深厚纽带减少了我生活中的不确定性。我与有些人的关系可以追溯到五十多年前，他们是芭芭拉·蒂德威尔·马霍夫里奇、海蒂·戈洛维兹·罗伯逊、米丽娅姆·雷肖科、安德烈娅·卡莫西诺、拉苏尔·泰穆里、我的表妹哈利·文、我的嫂子杜尔塞·卡里略（她和我建立关系的时间比其他人稍短一点）。感谢劳拉·贝内特·墨菲，你不仅与我同甘共苦而且也是这本书的顾问。你帮助我细致地思考孩子们在创伤时期以及处理日常困难的时刻都需要什么。你是上天赐予我的礼物。我们的友谊中有欢笑、有爱、有眼泪。我希望每个孩子和他们的父母都能拥有你和我之间的这种友谊。感谢尼姆·托特纳姆，你是我的朋友也是本书的顾问，我与你有近三十年的个人生活及职业生涯的交集。你随时随地准备与我讨论神经发育的过程，你向我推荐期刊文章来回答关于大脑发育的问题（经常针对同一个问题多次向我推荐相关资料），你是我研究项目中的合作者。因为你，我才能够不断加深对这些领域的理解。

我知道，我们（无论年老或年少）进入新的关系有可能会给我们的生活带来欢乐和来自他人的关怀照顾。无论我们是作为成年人最近才刚刚结识，还是我们早就在生活的某个时期（刚刚成为父母或从事某项工作时）就相识相知了，你们一直都在我的身边，我们一起经历了生活的起起落落，经历了身患疾病和失去亲人。我们共同欢乐、彼此联结。我由衷地感谢你们每一个人：桑德拉·平纳维亚、丽莎·蒂尔斯滕、玛茜·克莱恩、米歇尔·贝迪和伊冯·史密斯。感谢杰米拉·齐索姆，在我写作的过程中，她一直是位忠实的支持者。作为一名作家，她知道写书这件事是多么困难。致敬莎拉·哈恩·伯克，她以专业的支持和朋友的身份介入本书的创作。还要感谢毛里西奥·希福恩特斯，他多年来一直关注我的研究和生活，并鼓励我实现自己的愿景。

我也要感激众多的妈妈、爸爸、祖父母和儿童看护者，他们毫无保留地向我分享他们的生活和孩子（包括整个大家庭）的故事。我要感谢你们每一个人，无论你是在每天把孩子送来我的幼儿中心日托时认识了我，还是你在孩子逐渐成长为青少年和成年人的时候认识了我，或者你是通过一对一的会面或仍在运行的家长育儿小组认识了我。你们用自己开放的心态和脆弱的一面让我知道了你们是谁、是什么在驱使着你们、你们的人际关系和过往的经历是怎样的以及你们对如何成为自己想象中的理想父母的渴望。感谢你们把你们的梦想、快乐、憧憬、不足、恐惧和忧虑通通托付给了我。

特别鸣谢"周五家长小组"（该小组始于 2000 年）的成员：费利西亚、卡罗琳、艾米丽、丽兹、苏西、爱丽丝、黛安娜、池智、西玛、艾莉森、丽莎、贝利尔、玛丽、艾米以及其他人。你们愿意接受错误并原谅自己，愿意保持开放的心态去发现孩子的真实自我、自己的真实自我以及自己想成为什么样的人。你们照顾孩子（他们现在已经是青少年或者是正在上大学的年轻人了）和患病的父母，关心生活中正在发生的转变。我从你们身上学到了很多东西。我感谢你们。你们是了不起的母亲、神话般精彩的女人，也是我无比珍惜的朋友。

我非常感谢巴纳德学院及其心理学系。自 1995 年以来，我一直在这里工作。在这里，我有幸教授、建议和指导过很多聪明大胆的巴纳德学院（及哥伦比亚大学）的学生。在这里，我开展了旨在更好地了解儿童及其父母的研究。感谢与我在此共事了三十年的同事们：彼得·巴尔萨姆、雷伊·西尔弗、罗伯特·雷米兹和苏·萨克斯。我也很感恩自己能有幸通过教授课程、运营幼儿中心和作为顾问认识了许多学生。他们让我了解到今天的年轻人是什么样子的。感谢你们让我进入你们那不断变化的世界。你们提出的问题、开阔的眼界、批判性的观点及求知欲让我成为更好的老师／导师。感谢你们在毕业很久之后还把我纳入你们的生活。

感谢在巴纳德幼儿中心里几乎每天都和我一起分享生活的人们（老师、工作人员、场地负责人、设施维护者、安保人员，等等）。你们是我在工作中的家人。多年来，你们和我一起努力为孩子和家长提供他们所需要的东西。我们一起穿越了新冠疫情，现在进入了一个神奇的新空间。感谢之前及现在团队的成员：汉娜·科里、艾莉森·伊茨科维茨、罗宾·奥顿、凯塔基·克里希南、卡莉·斯坦、莱斯利·佩雷尔、阿约米德·蒂卡雷和妮可·加夫里洛娃。感谢安德里亚·菲尔兹，她是在今年我写这本书的时候加入进来的。她和我一样重视幼儿中心在科学研究和应用方面的作用。还要感谢许多曾经在中心工作过的员工，其中包括塞布丽娜、卡瑞娜和詹娜。虽然你们已经离开了中心，但我依然珍惜与你们的友谊。

感谢米歇尔、黛比、奥利弗、胡安和其他忠于职守、尽心尽力维护幼儿中心设备设施及日常用品的人。万分感谢你们。如果没有你们所有人，我们就无法为学生和社区提供如此高水平的服务，也无法继续开展我们的研究。

尤其要感谢艾莉森·戴维斯。你在新冠疫情开始之前不久刚刚加入巴纳德学院。我们一起在整个疫情期间及之后的时间里成功地为儿童、家长和大学生开展了项目。我看到了我们可以直面和克服多少的不确定性，也看到了在此过程中所需要的灵活性和自我调整比我预想的要多得多。我很感激你愿意和我一起跳入这个未知的世界，包括在寒冷的冬天实施户外儿童项目以及通过网络实施儿童项目。我们或许曾经认为这是不可能的，但我们做到了，而且做得很好。这必须要感谢我们的母校密歇根大学！

万分感谢艾米·舒默。感谢你百忙之中为本书撰写前言，也感谢你让我进入你那有着多种身份（家长、女性、正义倡导者，等等）的生活。谢谢你。

感谢娜塔莎。谢谢你成为我们家和我们家居生活的一部分，谢谢你帮助我完成了许多必须要做但我自己却无法做到的任务。

感谢我的兄弟乔和山姆，你们一直在我身边（以你们的身高优势高耸于我的上方）。你们让我知道，小时候充满了闹别扭、吵嘴和乐趣的关系长大后会变成充满笑声、幽默感和相互发送滑稽表情包的关系。每当有人说我有如此亲密的兄弟是多么幸运时，我都会露出微笑。我知道，不管我们的父母此刻在哪里（他们已经不在这个世界上了），我们都拥有彼此，相互支持。这是多年前我们上过的重要的一课：我们的兄弟姐妹之争是属于我们自己的，我们的关系和对彼此的照顾也是如此。爱你们，期待有更多的机会和你们一起去旅行。

致我最新的家庭成员，莱莱斯卡、托尼和你们的伊森宝宝。欢迎你们。能看着你们住在我家里并成为父母、能看到伊森宝宝开心的笑容，真是一种荣幸。我知道我的生活中会有新的关系，但我不知道自己是否能很容易、很轻松地适应，是你们让这件事变得容易了、轻松了。

我还要把这本书献给我的父母。他们的人生深深地影响了我的为人和我的工作。他们每个人都给了我一些东西，我希望这些东西能在这本书里闪闪发光。我的母亲是一位不得不在许多方面变得坚强的开拓者。在女性被认为可以做职业女性之前，我母亲就在承担"妈妈"这个角色的同时拥有她自己的职业生涯。她在敬业、对生活充满激情、卷起袖子自己动手让生活变得更好以及为那些没有话语权的人发声等方面为我树立了良好的榜样。我的父亲是我的锚和镇定器。他在真诚对待世界这个问题上给我树立了榜样。他教我要看到生活好的一面、认识到生活坏的一面并接受它，然后继续前进。他教我要以创造"更好的"为目标，不要接受"差不多就行"的观念。他是一个真正的道德楷模。他爱他人、善良、通情达理并且忠于自我。他教会了我什么是深入的、关怀的联结和无条件的爱。因为他能"看见"并理解我，所以我知道如果我要忠于自己，我就要去倾听、去观察、去思考而且不要害怕。

我还要谢谢我的家人，他们真心实意地让我成为真正的我自己。他们推动我变得更好（即使在我并不在乎自己"好不好"的时候，他们也一直推动我），推动我了解自己，推动我在这个世界上保持真实的自我。感谢我的孩子们，埃兰、亚伦和杰西，你们把我变成了"妈妈"；你们教会了我很多，让我了解了人类是如何长大的、真挚的爱是怎样的以及什么才是我所拥有的。简而言之，你们给我带来了很多的快乐。我现在看到你们每个人都在走着属于自己的道路。我知道我有你们三个是多么幸运。

感谢我的丈夫肯尼。感谢你一直陪在我的身边，帮助我渡过难关。感谢你在我们的关系随着时间的推移而加深时给我打开新的视野和旅程。感谢你在我最需要幽默的时候提醒我。感谢我们共同的欢笑和彼此的关心。我爱你。

附　录
在日常生活中提高韧性的
16 个育儿提醒

1. 用"咒语"让自己保持情绪稳定：因为养育孩子这件事是从你（孩子的父母）开始的，所以我首先建议你用这个方法来提醒、帮助自己。成为"足够好的父母"的关键是尽你所能找到让自己保持情绪稳定的方法。有时候，你会被你家的幼儿或青少年拉入他们的情绪漩涡或轨道，但你并不想陷在里面。你需要注意正在发生的是什么事，你需要重新获得自己的平衡。你自己情绪稳定才能帮助孩子稳定他们的情绪。你可以快速在心中默念一句"咒语"来让自己的情绪回到稳定的状态。以下是一些你可以采用的"咒语"：

"我才是这里的成年人。"

"她不是冲我来的，一会儿就过去了。"

"他不会永远这样的，他还只是个小孩儿。"

"我必须保持情绪稳定，我的孩子需要我。"

通过提醒自己"你没事""你能处理好这件事"以在当场当时将自己带回到更平静的状态，你将能够以一种明确、稳定的方式对待你的孩子。孩子需要你待在属于自己的更平静、更踏实的轨道上，远离属于他们的轨道。然后，你就能够将你的意愿与对孩子的关心联系起来，帮助孩子再次获得安全感。

2. 尽可能在每件事上做到合情合理：当你对每件事的处理都合情合理时（即使是在最具挑战性的时刻，你的决定也是合情合理的），你就是在给孩子树立一个人生榜样。合情合理地与孩子互动（比如：批评孩子或向孩子提出建议、给孩子设置限制、允许孩子对你的决定提出疑问或反对意见）能教会孩子如何尊重他人。如果你苛刻、严厉地对待孩子，那么他们就会学到用同样的方法去获得他们想要或需要的东西。你是他们的榜样，他们会观察你的行为，感受你的态度，然后模仿、采用你的行为模式。

3. 让孩子知道你信任他们：当你表现出你相信孩子能做好某件事情时，他们就学到了即使是在遇到困难的时候也要相信自己。这意味着你有时要退后一步，观察孩子并问自己："我的孩子能处理好这件事情吗？他感到沮丧正常吗？我是真的相信他能解决这个问题吗？"你要给孩子留出时间和空间，让他们去尝试用这样或那样的方法去解决问题，并且使用他们自己的想法和资源。你的这种做法会给孩子提供一个机会，让他们可以测试自己并获得信心重新尝试去做某件事。这在很多情况下都是非常有效的：从在操场上玩攀爬架，到自己穿好衬衫扣好扣子，再到解答一系列化学难题。当孩子知道你始终都待在他们的"赛场旁边"，可以随时在他们需要的时候帮助他们时，他们就拥有了尝试一切事物所需的安全感。

4. 即使是在情况最糟糕的时刻，也要表现出善意：当孩子们冲你吼叫、尖叫、踩脚或粗鲁地顶嘴时，你的本能反应可能是对他们吼回去、责骂他们、试图控制他们或者羞辱他们。不要这样做。保持稳定和表达善意会更有效。你可以给孩子传递这样的信息："即使你彻底崩溃了，你也还有我，我会一直陪着你"，以此来提醒孩子你关心他们，他们并不孤单。如果你以身作则地保持善良和同情，那么孩子就会学到以同样的方式去对待他人。你或许可以自己先做一个缓慢的深呼吸来稳定自己的情绪，然后再弄清楚该如何与孩子联结以及你想给孩子设置什么样的限制。

5. 向孩子道歉、修复关系、与孩子重新联结：没有人是完美的，你也没必要去追求完美。亲子关系与联结和信任有关，它有时会中断和分离，会让你和你的孩子都感到不舒服。亲子关系中这一段自然发生的部分对孩子（甚至青少年）来说是相当可怕的。有时，你会情绪爆发或以其他不太理想的方式与孩子互动。在这种情况发生之后，你应该进行关系修复，真诚地向孩子道歉并承认自己在其中起到了不好的作用。这很重要。它能把你们两个人重新联结在一起。你需要诚实面对自己的失误并且直接说出道歉的话：

"很抱歉我那样大喊大叫。"

"我道歉。我不应该这样做。"

"对不起，我刚刚没有好好听你说话。"

当你真诚地承担起修复关系的责任时，孩子的情绪就会得到缓解，同时，你也为孩子树立了一个榜样，教会他们如何处理其他关系（他们自己生活中的其他关系，包括与朋友或恋人的关系）中的愤怒和中断。

即使你的孩子还没有准备好接受你的道歉，你启动这个重建联结的流程对你们的亲子关系也是有修复作用的。当孩子准备好接受你的道歉时，他们就会回到你的身边。你应对此保持开放的心态，随时欢迎他们的回归。孩子需要你修复关系并与他们重新联结，这样，他们才不会因为将亲子关系的中断视为自己的错误和问题而感到羞耻。

6. 做孩子的缓冲器，将孩子与焦虑隔开：在孩子的生活中，有可能会发生让他们感觉压力很大或很糟糕的事情，也有可能会发生创伤性事件。在你与你的孩子建立日常关系的过程中，你要为这些困难的来临搭建起一台缓冲器。当孩子明确地知道你会陪在他们身边，你会努力专注地去平息危机并和他们一起获得安全感的时候，他们就不必自己去消化吸收任何高度紧张或异常可怕的情况了。当危机发生时，你控制自己焦虑和恐惧的能力将使你能够以稳定的方式为孩子提供支持和指导，使孩子学会在长大之后靠他们自己去进行情绪调节。这是一种保护孩子的方式，可以让孩子避免受到压力、创伤或生活中的诸多挑战给他们造成的长期的负面影响。

7. 无聊是一份礼物：在这个忙碌的、充斥着高科技的、多任务的、刺激超载的世界里，无聊是一份礼物。建议你为了你家的幼儿去拥抱无聊，为了你家的青少年去坚持无聊。有时候，停工停学是一件好事。正是在这些无条理的、低要求的时刻，你们每个人才有时间去思考、琢磨、想象、怀疑、培养好奇心、解决问题，或者只是坐下来、凝视着某个地方发呆并且放松。无聊能带来平静。作为迈向独立之路的一步，无聊让孩子有时间与他们自己的想法相处、倾听他们自己的呼吸、思考自己下一步想做些什么。总而言之，无聊让他们舒舒服服地与自己和自己的想法待在一起。

你可以帮助孩子给无聊重新下个定义。无聊不是"什么事情都不做"，无聊是一段宝贵的时间，可以用来减压、发挥创造力、获得观点和做正念练习。可以把这些时刻看作是让思想开小差、随便游荡的机会。望着窗外的大雨或者静静地凝视着天空都是在反击当今大多数孩子所经历的那种快节奏的、即时满足的、严格要求的生活方式。

8. 孩子发脾气时的应对方法：一旦你理解了孩子发脾气是怎么回事并且学会了不把孩子发脾气看作是故意惹自己心烦，那么应对孩子发脾气的情况就容易多了。你的孩子并不想惹你心烦（即使你感觉如此），他们确实处于情绪激动的状态而且需要你的帮助。孩子有权利感到不开心，但是如果他们的大脑还没有能力去处理强烈情绪的话，那么他们的不开心对你来说可能会是一个挑战。

孩子在各个年龄段都会发脾气。当孩子还在蹒跚学步的时候，他们可能会情绪崩溃、大哭大闹；当孩子长大进入青春期的时候，他们可能会尖叫大喊说他们是多么恨你。当强烈的负面情绪（如愤怒、沮丧和失望）出现时，他们的大脑容量就会超载，就像瀑布那样，当水越过悬崖边缘时就会凶猛地翻滚下来。对孩子来说，那种完全不知所措的状态是相当可怕的。在这种紧张的情况下，你该做些什么来帮助孩子呢？你应该先从稳定自己的情绪开始，然后再去帮助孩子稳定他们的情绪。

- 首先，你要让自己平静下来，呼气，出声提醒自己或默念"咒语"（"我是成年人，我能处理这种情况"）来稳定自己的情绪。

- 提醒自己孩子发脾气并不是要故意惹自己心烦，而只是孩子的情绪占了上风而且失去了控制。不要去追究到底是什么导致了孩子发脾气，要放下你自己的愤怒。
- 接下来，靠近孩子一些，用平静、清晰的声音陈述发生了什么，以此来引导他们。注意：仅仅陈述事实就可以了，不要将孩子发脾气合理化，也不要惩罚、羞辱或责备孩子。你的重点是降低孩子的兴奋度。
- 给正在发生的事情贴上标签："你对那件事感到非常生气！"
- 提醒孩子你在他们的身边，你会保护他们的安全，以此来转移他们的注意力。
- 当你感觉自己已经和孩子联结上了，你就可以开始和孩子一起深呼吸。要么说服孩子和你一起做一两次深呼吸，要么自己做深呼吸。他们会感觉到你的呼吸，所以你可以做深呼吸，甚至做出夸张的呼气吸气的动作。
- 当孩子开始平静下来时，你可以让他换换环境。你可以鼓励他去散步或者投几次篮球。或者，你也可以自己坐下来抱着孩子，让孩子知道你会一直陪在他们的身边。

孩子需要时间去学习如何处理情绪爆炸的时刻。而对某些孩子来说，他们会比其他孩子更难学会。同样，作为家长，你需要努力控制自己和自己的反应，这样你才能帮助到孩子。人类的大脑需要很长时间来学习处理这些情绪，而你正是帮助孩子学习的那个人，是他们学习时的伙伴。

9. 每日例程很重要：许多孩子（甚至成年人）都会感觉很难从做一件事情转向去做另一件事情。在内心深处，我们更喜欢去做那些我们知道自己将要做的事情、那些我们可以预先知道怎么做并且熟悉的事情。两件事情之间的过渡会使我们情绪不稳定并对我们造成压力。比如：从待在家里转换为去学校上学、从玩耍转换为吃晚餐、从看社交媒体转换为做家庭作业、从自己读书转换为听老师讲数学课。这些都是我们从现在正在做的事情转向下一步应该做的事情（甚至可能是我们从来没有做过的事情）时所发生的过渡时刻。

对于我们所有人来说，每一天都充满了很多过渡时刻。这些过渡时刻迫使我们每次都要面对一些不确定性。有些孩子会比其他孩子更难处理好各种过渡时刻。此时，每日例程（尤其是将那些定期要做的事情纳入每日例程中）的重要性就显现出来了。每日例程中的大部分内容都是固定的，这使得每件事情之间的过渡更具有可预测性，因此可以给孩子提供一种能控制每件事的感觉（我知道接下来会发生什么，我知道别人期望我怎么做，我可以做到）并能帮助孩子变得更加独立。

如果孩子每天都按照每日例程的要求把外套挂在同一个衣钩上，那么最终他们就可以不用别人提醒，完全靠自己去做好这件事。其他的事情也是如此。比如：吃完下午茶后做家庭作业，或者晚上把衣服从衣柜里拿出来并搭配好以便第二天早晨能很快穿好衣服出门。

每日例程里的内容越多，人们的感觉就越稳定。给孩子提供稳定的每日例程也能让孩子为应对更大的过渡时刻提前做些练习。这些更大的过渡时刻可能是事先计划好的（搬入一座新房子、转学到一所新学校、获得第一份放学后勤工俭学的工作），也可能是出人意料地发生的（因洪水或火灾而流离失所、亲人去世）。你应该将每日例程看作是对过渡时刻的应对方法，它会温和地指导孩子度过这些时刻。不断重复的提醒是必需的。

10. 进餐时间很重要：吃饭是家人都要做的每日例程，也是家人彼此联结的时间。与年幼的孩子一起用餐并不总是有趣的。青少年可能很难有时间和全家人一起吃饭，但你还是要尽量想办法让他们能有和家人一起吃饭的机会，这很重要。

吃饭是日常生活的一部分，而亲子之间的联结则会发生在全家人聚在一起切面包的时刻。如果家里每个人都各忙各的、吃饭时间各不相同的话，你就尽量每周安排几次晚餐或周末的午餐让大家可以聚到一起。你应该将吃饭看作是一件与社交有关的事情，而不是一件仅仅把食物吃进肚子里就算完成了的事情。

即使是你家最小的孩子也可以帮忙做饭、帮忙上菜以及从餐桌上的自助餐盘中自己拿取食物吃（自己从盘子里舀米饭或西蓝花会增加他们吃这些食物的欲望）。当孩子长大一些，他们可以帮忙计划每餐吃什么食物并且在大人烹饪这些食物的时候在旁边当助手。这些都是生活的技能。孩子们喜欢每日例程，其中包括每晚坐在同一张桌子旁边，而且他们通常会喜欢每晚都坐在同一个地方的同一把椅子上。

你们吃东西的时候，可以同时聊聊当天发生的事情，分享各自当天好玩有趣的时刻。当孩子们没有被大人直接询问的时候，他们说的话最多，所以你要保持开放的心态并和他们进行对话式的交流，比如："我今天看到了春天开的第一朵花。""你能猜到我回家的路上去商店时遇见谁了吗？""今天有没有人发生了什么好事、坏事或让你感到惊喜的事？"为你的期望制定出明确的指导方针则会更有帮助（例如，餐桌上不看手机或其他电子设备，不能把食物拿到餐桌以外的地方去吃）。吃饭的时候不去批评或评判孩子，让就餐时光变成你们的积极时光。

11. 放弃完美，做更好的家长：我不知道什么时候"完美"成了家长追求的目标，但我知道这是不可能实现的。对孩子来说，足够好的家长才是理想的家长（并不是完美的家长）。当你展示出你的人性和弱点时，你才是孩子们的好榜样。

孩子通过与你的关系去了解现实：有时能把事情做得很好，有时却不能；有时能感到很快乐，有时却不能；有时能让他人开心，有时却不能。孩子会明白，他们可以在与父母或其他值得信赖的照顾者之间的关系中安全地学习如何处理生活中不完美的时刻。

孩子必须看到他们所依赖的人是不完美的，这样他们才能知道不完美是人类的天性，他们没必要害怕自己会犯错误。于是，他们就可以直面自己的脆弱和不完美，不会因为自己的脆弱和不完美而产生羞耻感。承认和处理这些不完美能让孩子真正深入地了解他们自己，了解他们可以依靠什么人以及人际关系是如何运作的。

你需要原谅自己的不完美。现实生活是混乱的。作为孩子的父母，你的职责是帮助孩子了解这一点。

12. 负面情绪是必需的：当我们帮助孩子面对和处理负面情绪时，我们就是在教他们使用一个强大的韧性工具。学习调节情绪是建立韧性并运用韧性应对生活的"秘密武器"。当孩子经历了负面情绪并且没有因为自己的负面情绪而被嘲笑或被惩罚时，他们就学会了如何感受、接受、面对和渡过这些情绪。

但是，作为孩子的父母，容忍孩子的"不开心"是很难的。如果你觉得自己有责任让孩子快乐，那么孩子的负面情绪将更难以被处理。此时，你可能会认为自己在育儿这件事上是失败的。你不要这样去想。相反，你要帮助孩子接受这些负面情绪，让他们知道所有的情绪都是正常的，而且不管他们的情绪如何他们都是被爱的。这样，他们就可以学会拥有所有的情绪，处理这些情绪，并最终再次前进。

13. 认真倾听（只是听就可以）孩子说的话：孩子（无论年龄大小）都希望自己说的话能被听到。他们需要你认真倾听（而不是一边看着手机一边听）他们说出的话，这比什么都重要。无论他们告诉你的事情听起来多么奇怪或者他们似乎需要你做出回应，你都要牢牢记住：孩子此时此刻的愿望是在不被评判甚至不被帮助的情况下说话。通常，他们并不需要你立即帮他们解决问题，那可以稍后再做。

此时此刻，他们只想要倾诉或发泄，并且想要你听到。你要给他们留出这样做的空间。很多时候，我们倾向于马上纠正孩子并为孩子找到解决方案。这样做会让孩子感到扫兴、失去说话的兴趣。他们会生气、发脾气。他们会停下来不再与你交流。你不要这样去做。相反，你可以试着深呼吸、向后退、暂停下来并认真听你的孩子怎么说。你要听他们说完。听他们说他们自己的故事，听他们说他们自己对正在发生的事情的解释，听他们说他们自己对生活的思考。

你对孩子的积极倾听能帮助孩子建立起对你的信任。如果你在孩子年龄还小的时候就开始这样做（把你的手机放到一边，认真听他们说话），那么当孩子长大之后，他们就会继续对你敞开心扉。当孩子觉得告诉你他们做了什么之后会被你纠正、责骂或者评判的时候，他们就不愿意再开口说话了。你不要这样去做。相反，你要做他们的"回声板"。倾听孩子滔滔不绝的诉说（通常会发生在他们刚刚放学后或者快要睡觉的时候）能让孩子尽情抱怨并发泄出他们的负面情绪，并且能让他们感觉和你在一起很安全。

14. 兄弟姐妹："如果不是因为我曾爱过你，我一定会恨你"是 Squeeze[⊖]歌中的一句话，这句话非常适合描述兄弟姐妹之间的竞争。同胞手足彼此相爱，也彼此憎恨。只要他们在冲突之后的某个时刻回到彼此的相爱中（这是他们经常做的事情），那么他们之间的冲突和竞争就可以成为他们关系中健康的一部分。同胞手足分享他们生命中最重要的人：父亲和母亲。

在我的第一本书《蹒跚学步的幼儿如何茁壮成长》中，我把兄弟姐妹之间的关系称为生活的"实验室"和"安全屋"。在这里，孩子们可以练习解决冲突，学习谈判妥协，经历断开联结和重新联结，拥有一个或多个能与自己分享生活中的快乐、愉悦和艰辛的人。这是一个孩子们可以发现自己的需求并学会给予和索取的地方。

如果父母能够退后一步，给子女留出空间，让他们产生冲突、处理冲突并找到继续前进或停下休息的方法，那么父

⊖ Squeeze 是一支英国乐队。——译者注

母就既给孩子传授了他们可以受益终身的技能，又给孩子提供了他们可以终身依靠的纽带。我们希望孩子们能在没有父母身处他们中间的情况下拥有彼此。唯一方法是父母不再试图制定规则，也不再被卷入他们的冲突。

我发现兄弟姐妹们即使在互相说了最难听、最刻薄的话之后也会很快修复好关系。几小时（或几分钟）之后，他们就又可以一起玩耍和欢笑了。作为父母，你们不要卷入孩子们的冲突或者插足到他们中间，相反，你们可以根据你们自己的底线为他们设定一些基本的规则，例如：

- "当你们不断伤害对方时，你们就该分开了。"
- "当尖叫和打斗持续不断的时候，你们必须分开，各自找不同的地方去玩。"

父母要确保规则能平等地适用于每一个孩子，这意味着你要保持中立，不偏袒任何一方（这并不总是容易做到）。如果做不到的话，那么还是尽量置身事外吧。

15. 了解你自己，反思自己的过去：为人父母意味着将你完整的自我带入与孩子建立起来的深厚亲密的关系之中。了解你自己并用开放的心态去了解更多关于你自己的事情，会对你的育儿方法和行为有所帮助。

你可能还在处理童年时期或童年之后的负面经历。你可能想要复制或主动避免你自己被抚养长大的方法。不管你自己的经历如何，知道是什么塑造了你本人以及你为人父母的方式都是非常重要的。

你想从你自己的童年开始就改变些什么吗？你想远离你童年经历里的一些什么事物吗？你想给孩子展示或给予孩子你曾经拥有或从未拥有过的什么东西吗？你要反思和了解完整的你自己，拥抱自己的强项，接受自己的脆弱。这对你来说可能很具有挑战性，但这是必要的，这样你就可以在不受自己过去经历影响的情况下去"看见"孩子的真实自我。

16. 细节很重要：我的最后一个建议看起来路人皆知，但仍然需要强调。每个孩子都不一样，每个孩子都是独一无二的。在某个特定时间对某个特定的孩子有效的方法可能并不适用于其他孩子。儿童对安全的、敏感的、及时的照顾有大致相同的基本需求，因此他们可以建立起对主要照顾者的信任。

然而，每个孩子都以自己独特的方式发展其内心的安全感和信任感。没有任何一条建议能同等地适用于每个孩子。所以，请记住，你最了解你自己的孩子。当你与孩子联结在一起时，你一定能找到对你和孩子都有用的指导和建议。因为"明天"是新的一天而且总会发生一些改变。相信自己，你能行的。